写给孩子的前沿科学

带孩子
走进神秘的
量子世界

云图科普馆◎编著

中国科学院物理研究所物理学博士　靳金玲◎审

什么是量子力学？它有什么秘密？
量子计算机有多神奇？

中国铁道出版社有限公司
CHINA RAILWAY PUBLISHING HOUSE CO., LTD.

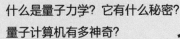

U0261037

图书在版编目（CIP）数据

带孩子走进神秘的量子世界 / 云图科普馆编著 . —北京：中国铁道
出版社有限公司， 2021.7
（写给孩子的前沿科学）
ISBN 978-7-113-27696-6

Ⅰ.①带… Ⅱ.①云… Ⅲ.①量子力学 – 儿童读物 Ⅳ.① O413.1-49

中国版本图书馆 CIP 数据核字 (2021) 第 091992 号

书　　名：带孩子走进神秘的量子世界
　　　　　DAI HAIZI ZOUJIN SHENMI DE LIANGZI SHIJIE
作　　者：云图科普馆

责任编辑：陈　胚　　　　　　　　编辑部电话：（010）51873459
封面设计：刘　莎
责任校对：苗　丹
责任印制：赵星辰

出版发行：中国铁道出版社有限公司（100054，北京市西城区右安门西街 8 号）
网　　址：http//www.tdpress.com
印　　刷：三河市兴达印务有限公司
版　　次：2021 年 7 月第 1 版　2021 年 7 月第 1 次印刷
开　　本：889 mm×1 194 mm 1/24　印张：8　字数：110 千
书　　号：ISBN 978-7-113-27696-6
定　　价：49.00 元

序　言

"豆包，你看到网上发布的量子纠缠图了吗？特别像我国的太极图。"小豆丁问。

豆包有些迷茫："量子纠缠？"

小豆丁急忙解释道："就是《三体》里智子跟三体人传递信息的技术啊，它有一个神奇的特性，不管这两个量子相距多远，只要一个发生变化，另一个也会发生相应的变化。"

"原来是那个啊！"豆包恍然大悟："不过，直到现在我还是不明白它到底是怎么把信息传递出去的？"

小豆丁挠挠头，不好意思地说："我也不知道。不过，我知道量子还有很多神奇的特性，比如说，你不去看它，它可以在任意地方，但是只要看它一眼，它就变成一个固定的点了。"

"啊！这也太不可思议了吧？"豆包感叹道。

"是啊，还有更神奇的呢！你知道量子计算机的计算速度为什么那么快吗？就是因为它们像孙悟空一样，有很多'分身'；你知道薛定谔那只著名的'猫'吗？说是处在生死叠加状态……"

近几年，随着我国首颗量子实验卫星"墨子号"的成功发射，量子保密通信"京沪干线"的正式开通，量子计算机的出现，很多孩子开始关注量子的最新动态，并试图去探索神秘的量子世界。但是面对那些深奥、难懂的专业术语，有些孩子就退缩了。

怎样让孩子不退缩，始终对量子保持着极高的兴趣呢？为此，本书在选择内容时主要侧重于能引起孩子兴趣的知识点；在介绍量子相关知识时，对一些晦涩难懂的理论尽量淡化，主要通过一些有趣的故事，生动的插图，引导孩子慢慢走进神秘的量子世界，并逐渐培养孩子对量子力学的兴趣，激发孩子的求知欲。

因为量子力学跟其他学科有所不同，很多家长可能也不是很明白，一些问题只能靠孩子自己去摸索，所以本书特意添加了"小豆丁的自力更生"板块，重在培养孩子的自我学习能力。在这个板块中，有时会介绍一些物理学家的趣事；有时会告诉孩子一些学习方法；有时还会抛出一些问题，引导孩子主动去探索未知的领域。

虽然，人类对量子的研究已经有一百多年的历史，但是对量子世界的了解还处在起步阶段，还有很多的未解之谜没有解开，还有很多的理论有待完善。让我们一起走进神秘的量子世界，去探索量子世界的秘密吧。

目 录

01

欢迎来到量子世界

量子世界的奇妙之旅

神奇的量子计算机

无敌的量子通信

现实生活中的量子技术

01 欢迎来到量子世界

光是什么？它的速度是多少？它是什么颜色？它来自哪里？为什么阳光照在我们身上会暖暖的……

我是量子

　　小豆丁飞快地往前跑着，离前面的"坏蛋"越来越近了，看到正好有一堵墙挡在坏蛋面前，小豆丁美滋滋地想："哼，看你这次还能跑哪儿去？"但让小豆丁没想到的是，前面那个坏蛋居然穿墙而过了！没多想，小豆丁也跟着跑了过去，不过却被墙反弹回来，摔到地上。正当小豆丁揉着摔疼的屁股时，"坏蛋"在墙那边挑衅道："小豆丁，快来抓我啊！"

　　"你怎么穿过墙的？"小豆丁惊奇地问道。

　　"哈哈，因为我是量子啊，除了能穿墙，我还有瞬移等特异功能呢！"

　　"什么是量子？"

　　"这个嘛，一时半会儿也说不清楚，你还是自己去探索吧！我不陪你玩了，小豆丁，再见！"

　　"量子，别走！你还没告诉我，你是怎么穿过墙的！"

　　"自己去寻找答案吧，小豆丁！"

　　"别走，量子！别走！"

"量子？量子是谁？"同桌豆包把正在说梦话的小豆丁捅醒后,好奇地问道。

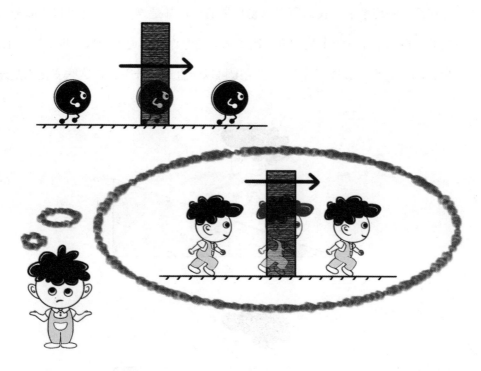

"量子,不就是那些电子、光子等粒子吗？"No！其实,量子不是任何一种粒子,在基本粒子中根本没有哪种粒子叫"量子",它只是一种概念,一种理论。

在量子世界里,物理量总是存在一个最小值,无法像在现实世界中那样,直接趋于零。而是"量子化"的、不连续的、总是一份份分布的。

在经典物理学中，我们所看到物理量的变化都是连续的，是可以不断分割下去的，根本不存在一个最小值。比如出去遛弯你可以走 1 千米，也可以走 1.1 千米、1.11 千米、1.111 千米等，理论上可以一直继续分下去，这些变化都是连

经典物理

量子物理

续的。但是在量子力学中，情况却不是这样的，物理量的变化是不连续的。因为在量子世界，一切都是量子化的，都有一个最小的单位，所有物理量的变化都只能是这个最小单位的整数倍。就好像我们上台阶时，只能一个台阶、两个台阶地走，不能上 1/2 个台阶、1/3 个台阶。这里，一个台阶就是一个单位，相当于量子世界的一个量子。就像上文图这样，从下面走到上面，经典物理走的是连续的斜坡，而量子物理走的是量子化的台阶。

小豆丁的疑惑

Q：基本粒子和量子有什么区别呢？为什么说量子不属于基本粒子呢？

A：基本粒子是物理学的一个术语，是指构成各种各样物体的基础；而量子只是概念上的存在，是人们想象出来的一种假定的单位。简单来说，基本粒子是实际存在的，而量子只是假定的基本单位，量子的特点是"不相连，不可分"。

根据作用力的不同，基本粒子分为强子、轻子和传播子三大类。

强子由夸克组成，现在已经发现的夸克有五种，即上夸克、下夸克、奇异夸克、粲夸克和底夸克；轻子共有六种，包括电子、电子中微子、μ子、μ子中微子、τ子、τ子中微子；还有一种基本粒子是传播子。

小豆丁的自力更生

自从做了量子的梦之后，小豆丁就对量子产生了浓厚的兴趣，但是身边很少有人知道量子的知识，就连被小豆丁称为"百科全书"的爸爸也不知道，无奈之下小豆丁只能自力更生了。

在查阅资料过程中，小豆丁发现，即便是我们天天都能看到的光居然也很神秘！光到底是什么呢？它的速度是多少呢？为什么光照在肥皂泡上有彩色条纹呢？那是光的颜色吗？为什么阳光照在我们身上就会觉得暖暖的？还有，电灯为什么会发光呢……

小豆丁发现，早在几百年前，就有人也问过同样的问题。正是人们对光本质的不懈追求，才敲开了量子世界的大门。在查阅资料过程中，小豆丁还发现很多其他好玩的事，不过，他不想把自己查阅资料得到的知识告诉大家，因为他想让大家跟他一起去体验自力更生的乐趣！

艾萨克·牛顿（1643年—1727年）

　　英国著名物理学家，提出万有引力和物体运动的三大定律（即牛顿定律）。

　　他还发展了颜色理论，提出光的微粒说。

普朗克的量子论

前一节我们说过，量子只是一种概念，一种理论，其实最先提出这个概念的是普朗克，后人将普朗克称为"量子力学之父"。量子的概念提出后，彻底改变了人们以往对世界的认知，那个看起来坚不可摧的经典世界开始土崩瓦解，一场变革即将开始，物理学从此进入量子时代。

经典物理学

由伽利略和牛顿等人在 17 世纪创立的物理学，是以经典力学、经典电磁场理论和经典统计力学为三大支柱的经典物理体系。

经典物理学在牛顿等人的不懈努力下日趋完备，到 19 世纪末，只有两个问题没有得到解决，即黑体辐射问题和迈克尔逊—莫雷实验问题。人们乐观地形容道："物理学的天空是阳光灿烂的，除了漂浮的两朵小乌云外！"但是，让他们没想到的是，就是这"两朵小乌云"让经典物理学的大厦轰然倒塌。

　　量子理论的形成过程还得从黑体辐射说起。

　　人们很早就发现，一切有温度的物体都在向外辐射电磁波（这种辐射叫热辐射），并且辐射出去的电磁波有短波也有长波。物体温度越高，辐射电磁波的总能量也就越大，里面的短波也就越多，因为波长越短，能量越高。

万物都有辐射

　　我们知道，可见光中波长不同，波的颜色也不相同。比如红光波长最长，但是能量最低；紫光波长最短，但是能量最高；再比如将一根铁丝放在火上加热，开始温度低时，能量也低，我们看到的是红光；当温度再升高后，能量也就增加了，于是我们看到的是橙黄色的光；如果继续升高温度，并且不让铁丝汽化的话，那么能量就极高，我们可能会看到蓝白色的光。

为什么同样的物体，在不同的温度下会发出不同的光？背后的原因又是什么呢？想要弄明白这些问题，就要弄明白物体热辐射的规律；想要弄明白物体热辐射的规律，就要清楚知道物体吸收了多少辐射，又反射、透射了多少。于是物理学家就假设了一种理想的物体——黑体，将它作为标准的研究物体。

电 磁 波

电磁波是电磁场的一种运动形态。我们知道，变化的电场会产生磁场，而变化的磁场又产生电场，于是变化的电场和磁场就构成了电磁场，变化的电磁场就形成了电磁波。

就像我们生活在空气中却看不到空气一样，虽然我们身处电磁波中，但是除了光波（光波是电磁波的一种），我们肉眼根本看不到其他电磁波。

所谓的"黑体"，是指在任何条件下，都能吸收所有外来的辐射，没有任何反射、透射的物体；而"黑体辐射"也就是黑体发出的电磁辐射。

物理学家发现，随着温度的变化，黑体辐射出来光的颜色也在不断变化，温度从低到高发生变化时，黑体所发出的光也由红到黄到白，最后转到蓝白。并且，黑体的温度越高，发出的蓝色光就越多，红色光就越少。

科学家经过统计实验数据，对黑体辐射的能量值进行了记录，最后在坐标中得出一个数学曲线，但问题也就因此而来了！

什么问题呢？就是很多人想将这些实验数据用数学公式来描述，以便更清晰地表达其规律，不过都失败了。有的公式在短波段很好用，但是涉及长波时就不准确了；而有的公式能够很好地解释长波段的数据，但是和短波的实验数据又相去甚远。

正当人们焦头烂额时，德国物理学家普朗克挺身而出，他决定要找到背后的秘密。说起普朗克，还有一段有趣的经历。普朗克小时候本来喜欢的是文学和

普朗克（1858年—1947年）

德国著名物理学家，量子力学的重要创始人，因发现能量的量子化而获得1918年诺贝尔物理学奖。

音乐，但他在中学时，听到老师讲能量转化和守恒定律时，觉得很神奇，于是他就开始研究起神秘的自然规律来。

1896 年，普朗克读了德国物理学家维恩的一篇关于黑体辐射的论文，立刻被维恩公式中体现出的、物体的内在规律深深吸引，于是下定决心要彻底弄明白黑体辐射的问题，并试图找到一个通用的数学公式，让其不管是在长波段还是在短波段都适用。

但不是所有的事情，只要付出努力就能很快见到成效。普朗克苦思冥想了好几年，也没有找到一个通用公式来解决黑体辐射的问题。直到 1900 年 10 月，普朗克在无意中"拼凑"出一个公式，好像恰好符合要求。

后来，普朗克的这个公式被实验结果验证是有效的，得知这个结果时普朗克自己也很吃惊，因为就连他自己也还没弄明白这个公式背后的真实含义。

这个公式背后到底代表什么样的物理意义呢？普朗克又陷入了沉思。为了揭开公式背后的意义，普朗克放下所有的传统理论。他发现，想要让他的公式成立，必须假设能量在发射和吸收时，不是连续的，而是一份一份的，他将每一份能量称为"能量子"，并且在 1900 年 12 月 14 日德国物理学会上，普朗克宣布了那篇永垂青史的《论黑体光谱中的能量分布》，初步形成了他的量子论。

就像我们买东西付的钱，一分钱就是最小的面值，没有比一分钱更小的面值了。普朗克所提出的能量子，就相当于买东西时最小面额的一分钱。

普朗克的这个假设意味着什么？它将给整个物理界带来什么样的剧变？量子又将如何发展？我们后面继续。

小豆丁的疑惑

黑体是黑色的吗？

我们之所以能看到物体的颜色，是因为物体能反射光。虽然假定黑体能吸收所有波长的电磁波，也不能反射、透射任何电磁波，但是它自己也能放出电

磁波。所以，黑体不一定就是黑色的。

黑体放出电磁波的波长和能量，跟黑体的温度有关。有的黑体之所以看起来是黑色的，是因为它放出的能量小，其波长在我们肉眼可见的范围之外。

500℃以下时，黑体看起来就是黑色的，因为黑体的辐射波长在红外和远红外波段，我们肉眼是看不见的；温度逐渐升高，黑体就会从黑色变成暗红色；温度继续升高，颜色会由黄色，变成白色。

小豆丁的自力更生

小豆丁很好奇，普朗克提出"量子论"后，接着会怎么做，于是就查阅一些资料。小豆丁没想到的是，普朗克在提出这一理论后居然试图取消量子假说，还总想将量子假说纳入经典物理学之中。1911年，他提出第二个理论，对量子论做个部分修改，认为能量只在发射的时候是不连续的，在吸收的时候依然是连续的；1914 年，他又提出第三个理论，认为能量不管是发射还是吸收都是连续的，直接推翻了自己的"量子论"。

　　为什么普朗克提出"量子论"后，没有在这个基础上继续研究下去，发挥更大的作用呢？因为普朗克对经典物理学有很深的感情，总想把量子论纳入经典物理学。

　　晚年的时候，普朗克终于认识到了自己的错误，他反省道："多年以来，我一直想把量子跟经典物理协调起来，结果做了很多徒劳的工作，浪费了很大的精力，这真是一场悲剧。"

　　小豆丁看了普朗克的反省后，提醒自己，以后千万不能受以往思维的限制，不能墨守成规，只有这样才能不断进步。

四处流浪的"量子"

可能是量子理论太离经叛道了，就连量子理论的提出者普朗克，在推导出能量是不连续的，而是一份一份量子化的之后，都非常吃惊。作为一个老派的传统物理学家，普朗克始终认为量子只是自己为了方便而引入的假设。可怜的"量子"一出生就被自己的"亲生父亲"抛弃，小小年纪不得不四处流浪。

在"量子"四处流浪时，物理学家正陷入光电效应这一问题的迷雾中，找不到出路。所谓的光电效应，就是当光照射到金属上时，就会有电子从金属表面飞出。科学家对此的解释是，光可以将自己的能量传递给电子，电子获得足够的能量

电子（e）

1897 年，英国物理学家 J.J. 汤姆孙发现电子，电子是最早被发现的基本粒子，其质量为 $9.109\ 56 \times 10^{-31}\ \text{kg}$；带负电，是电量的最小单位，为 $1.602\ 176\ 634 \times 10^{-19}\ \text{C}$。

后就能挣脱原子的束缚，从而飞出。

　　不过人们进行光电效应实验时，却发现一个百思不得其解的问题：如果用高频率的光（比如紫外线）去照射某种金属，马上就能产生电子，即便这种光很微弱，电子还是"止不住"地向外跑；但是同样的金属，如果用低频率的光（比如红光）照射，不管强度多大，照射时间多长，却始终一个电子都飞不出。

　　在经典物理学中，一切物理量都是连续的，所以能量也是连续的，根据此

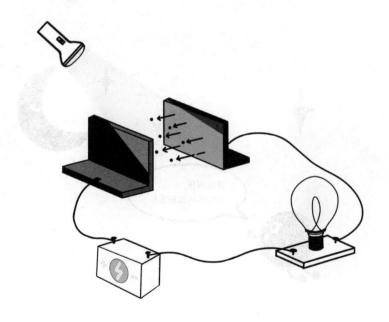

理论，人们想当然地认为，只要入射光的强度足够大，或者照射的时间足够长，能量积累到一定程度就肯定有电子跑出。这就好比我们走路一样，从一个地方到另一个地方，我们可以快速跑过去，也可以慢慢走过去，不管走得多慢，只要有移动，积累到一定程度最终都能到达目的地。但光电效应的结果却告诉我们，快速跑可以到达另一个地方，但是慢慢走却永远都到不了。

　　光电效应的实验结果还说明，电子的飞出只跟照射光的频率有关，跟光的

强度并无关系，并且照射光的频率跟飞出电子的能量之间还有着不为人知的秘密。这样的实验结果跟经典物理是矛盾的。到底哪里出问题了呢？

另外，根据经典物理的理论，用同一频率，不同强度的光照射金属，强光照射电子吸收的能量块，应该跑出的快；而弱光照射，电子吸收的能量少，应该积累一段时间后，才能跑出来。但是实验结果却让人大跌眼镜，只要相同频率的光一照到金属，不管其有多微弱，立即就有电子跑出。

到底该怎样去解释光电效应这样怪异的现象呢？

小豆丁的疑惑

Q：光电效应有哪些应用呢？

A：有时，我们在一些房顶上可以看到竖立着一块黑色板，就是太阳能电池板，它通过吸收太阳光，将光能转化成电能。现在的光伏发电站就是由太阳能电池板方阵及其他设施组成的。此外，还有电梯和商店的自动门中的传感器、光复制品、红外微光夜视仪等，这些都是光电效应的应用。

小豆丁的自力更生

小豆丁在查阅资料时发现，人们认识到光的本质是一个漫长的过程。在这个过程中，有很多伟大的科学家还相互"吵架"，看他们的争论有趣极了。最后小豆丁得出一个结论：真理都是在争吵中得出的！

有人说光是一种波，因为波的传播需要介质，所以还假设出了一种物质——"光以太"，说光是在以太中传播的。光的这一波动性理论很好地解释光的反射、折射、衍射和干涉等现象。

还有一种说法，光是一种微粒。光的这一粒子性很好地解释了光电效应。

反射　　　折射

衍射　　　干涉

爱因斯坦的光量子理论

在 1900 年量子论刚被提出的时候，爱因斯坦刚刚大学毕业，正在为就业而苦恼。为了维持生计，爱因斯坦不得不以招收学生，教授其物理学为生。后来在大学同学的帮助下，爱因斯坦进入瑞士的伯尔尼专利局上班。

虽然在专利局上班，但是爱因斯坦还是痴迷于物理学的，对于光电效应实验结果的诡异问题，爱因斯坦也在不断地思索。

1905 年，爱因斯坦读到普朗克 5 年之前发表的早就

爱因斯坦（1879年—1955年）

著名的物理学家，用光量子假说成功解释了光电效应，因此获得了 1921 年诺贝尔物理奖。

他提出了相对论，开创了现代科学技术的新纪元。

1999 年，爱因斯坦被美国《时代周刊》评选为 20 世纪的"世纪伟人"。

被人遗忘的那篇论文，立即被量子化这个概念所倾倒。虽然有普朗克的告诫，但是"叛逆"的爱因斯坦才不管经典的物理理论有多正统，提出的人有多伟大。既然它已经无法解决现在的问题，那就应该推翻它，这样，科学才能不断进步！

爱因斯坦说，如果光不是波，而是粒子，那么它的能量分布就不连续，应该是由一个个叫光量子（也叫光子或能量子）的微粒组成，根据普朗克公式 $E=hv$，每个光量子的能量只跟频率有关，提高频率就能提高单个光量子的能量。那么光电效应就可以这样解释：当一个光量子的能量比较大时，它传递给电子的能量也比较大，当电子获得的能量大到可以挣脱金属原子的束缚时，电子就

会从金属原子里面跑出来；但是，如果光量子的能量比较小，那么它能传递给电子的能量也小，如果这个能量无法让电子挣脱金属原子的束缚，那么电子就一直被束缚在金属内部，就不会有电子跑出。

标准大气压

地球的周围是厚厚的空气，这些空气也会产生压强，这个压强就是大气压。

而标准大气压就是在标准大气条件下海平面上的气压。1664 年，物理学家托里拆利提出了标准大气压的概念，其值为 101.325 kPa。

这就好比，在标准大气压下，只有温度达到 100℃时，水才会沸腾，如果不到 100℃，水永远也不沸腾一样。

我们知道，紫光的频率在可见光中比较高，当我们用紫光去照射金属表面时，紫光的光量子就会与金属中的电子发生碰撞，金属原子中的电子吸收光量子的能量后，挣脱了金属原子的束缚，从金属中飞出来。

加强紫光的强度，只是让紫光中光量子的数量增加而已，并不能提高光量子的能量。不过光量子的数量增加，则意味着可以打出更多数量的电子。

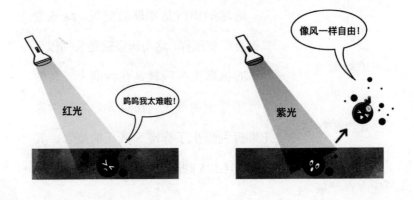

　　而红光的频率相对紫光比较低，其光量子的能量并不能使金属原子中的电子挣脱金属原子的束缚。

　　爱因斯坦还假设：光是以量子的形式吸收或发射能量的，是不连续的，并且不能累计，一个光量子只能激发出一个对应的电子。这很好地解释了光电效应会瞬时发生的现象，因为量子作用是瞬时的，是不连续的，是一个一个吸收的，所以不存在累计这一说；而用低频率的光多照射一会，就能让电子飞出的现象也是不会发生的。

虽然爱因斯坦用普朗克的量子论，成功解释了光电效应，但是很多物理学家对此深表怀疑，因为人们对爱因斯坦提出的"光量子"这个概念感到不解。之前，光已经被英国物理学家麦克斯韦确定为一种电磁波，现在这一个个的光量子，就意味着光不是波而是粒子，这让很多拥护波动说的人难以接受。

物质在辐射和吸收光的时候，为什么是量子式的（一份一份的）而不是连续的呢？这个原因爱因斯坦也无法解释，所以大家对他的理论持怀疑态度。

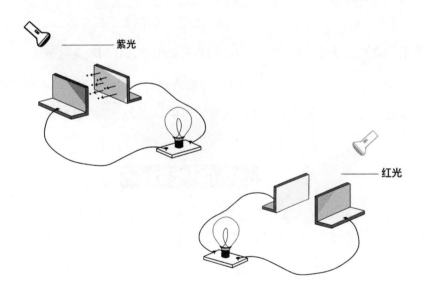

紫光

红光

小豆丁的疑惑

Q：我们为什么会被太阳晒伤？

A：可见光的颜色是由光的频率决定的，频率越高，每个光子的能量越大。阳光中除了可见光外，还有我们看不见的红外线和紫外线等，从红外线到紫外线能量依次升高。

晒伤我们的就是紫外线。当过多的紫外线照射到我们的皮肤上时，会伤害我们的皮肤细胞，我们就会被晒伤。

由于紫外线的频率高、能量大，穿透力很强，即使是多云或者阴天的时候，也能穿透云层，对我们的皮肤造成伤害。所以，大家要注意防晒。

小豆丁的自力更生

小豆丁通过查阅资料了解到，麦克斯韦在研究电和磁相互转化时，发现了电磁波的速度跟光速一样。麦克斯韦很是吃惊，难道这仅仅是一个巧合吗？麦克斯韦不这么认为，于是他做了一个大胆的预测：光也是一种电磁波。

后来麦克斯韦的这一理论被德国物理学家赫兹用实验所证实，于是光的电磁说被奉为经典。

但是爱因斯坦的光量子说，跟之前光的微粒说很像。那么现在问题又回到了光到底是波还是粒子这个争论上来。爱因斯坦的光量子说就像在夹缝中生长的野草，就连爱因斯坦自己都很谨慎，它能被世人所接受吗？

玻尔的原子模型

爱因斯坦提出光量子的概念后，人们开始对量子理论逐渐重视起来，有不少关于量子理论的论文陆续发表出来。在一些问题的解释上，量子理论开始表现出自己独特的魅力。比如，在晶体的晶格结构、气体分子的振动以及 X 射线辐射的解释上，量子理论的表现都很精彩。

这期间有一个在量子理论发展史上留下浓重一笔的事件就是，将量子引入进了原子，这个伟大的创举是由玻尔完成的。

1911 年 9 月，一位叫玻尔的丹麦小伙子来到英国剑桥大学求学。走在剑桥大学

晶体

由原子、离子、分子等微观粒子按一定规则，进行有序排列而形成具有规则外形的固体。

晶格结构就是晶体中那些原子、离子、分子等的具体排列情况，也叫晶体的微观结构。

里，玻尔想到了牛顿、开尔文、麦克斯韦、J. J. 汤姆孙等著名前辈都在这里上过学，心里非常激动。

　　到剑桥以后，玻尔马上就去拜访当时著名的物理学家 J. J. 汤姆孙，也就是电子的发现者，1906 年的诺贝尔物理学获奖者，第三任卡文迪许实验室主任。J. J. 汤姆孙热情接待了玻尔，临走时玻尔将自己的一篇论文交给了对方，期待他能发现自己的才华，但可怜的玻尔根本没想到 J. J. 汤姆孙会将自己的论文束之高阁。

原　子

化学反应中不可再分的最小微粒，不过其在物理状态却可再分。

原子由原子核和电子组成，质量非常小，1 个氧原子的质量是 2.657×10^{-26} kg。

玻尔在剑桥大学过得并不开心，郁郁不得志的他就去曼切斯特寻找机会。在那里，他见到了卢瑟福，卢瑟福也是 J. J. 汤姆孙的学生，并且还在 1908 年获得了诺贝尔化学奖。当时两人一见如故，卢瑟福很快给了玻尔一个实验室名额，于是在剑桥大学只待了几个月的玻尔义无反顾地离开了剑桥前往曼切斯特。

如果 J. J. 汤姆孙能提前知道玻尔取得的成就，不知道还会不会轻易让玻尔离开。

当年，J. J. 汤姆孙发现原子中存在电子时，曾经设想过原子的模型：原子核是带正电的球形，而带负电的电子则一粒粒"镶嵌"在这个圆球上，也就是"葡萄干布丁"模型，电子就是布丁上的葡萄干。

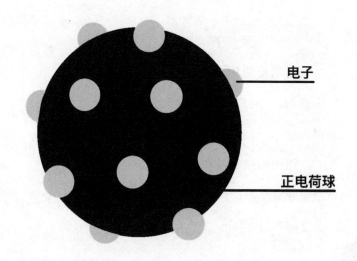

电子

正电荷球

　　但是在 1910 年，卢瑟福想用 α 粒子轰击金箔，来确认自己老师的"葡萄干布丁"模型到底是怎样分布的时候，却发现轰击金箔后的一些 α 粒子的散射角度非常大，有的甚至超过了 90°。当时卢瑟福是这样描述的："这是我一生中遇到的最不可思议的事情，就好像你用一枚 15 英寸的大炮去轰击一张纸，但是你竟然被反弹回来的炮弹击中一样。"

　　α 粒子为什么会被反弹回来？并且只有极少数发生了反弹？卢瑟福分析，这应该是 α 粒子碰上了金箔原子中坚硬密实的"核"。这个"核"应该集中了原子中的大部分质量，但是占据的地方却很小，只有原子半径的万分之一，并且带正电。

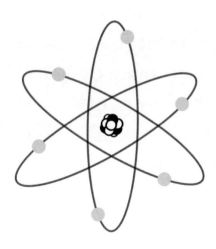

于是，卢瑟福提出了自己的原子模型：在原子的中心是占据绝大部分质量、带正电的原子核，原子核的四周是带负电的电子，这些电子沿着特定的轨道围绕原子核运行。因为这个模型跟行星的模型很像，于是就被叫做"行星模型"。

虽然这个模型很完美，但是这个理论系统却经不起推敲。因为根据麦克斯韦的理论，电子绕原子核运转时，会放射出强烈的电磁辐射，这样电子的能量会逐渐减少，从而电子不得不缩小自己的轨道半径，最后坠落在原子核上，这个时间也就是一瞬间。但是，实际上原子却又是很稳定的，这是为什么呢？当时并没有人能解释清楚。

玻尔来到曼切斯特后，开始在原子结构上用心研究，并且试图将量子的概念引入"行星模型"之中，并利用巴尔末公式（瑞士数学老师巴尔末提出的用于表示氢原子谱线波长的试验公式）提出了自己的"量子化模型"。

玻尔认为，原子中电子的运行轨道是量子化的，每一个电子只能在一些特定的轨道上运行，这些特定的轨道不是连续的，每一个轨道对应相应的能量。当电子吸收能量后，就从原来的轨道跃迁到另一个能量更高的轨道；当电子从能量高的轨道跃迁到能量低的轨道时，就会释放能量。这种跃迁是量子化的，意思也是不连续的。这就像运动会上，每个短跑运动员都只能在自己的跑道上跑步一样。

虽然玻尔提出的"量子化模型"，在那些保守人的眼中是大逆不道的，就连爱因斯坦在开始时都很难接受。不过随着玻尔的这一模型被一些实验所证实，玻尔的量子化模型渐渐被世人所认可，玻尔也因此成为原子物理学方面的领头人。

在量子世界发生天翻地覆变化的时候，残酷的第一次世界大战也爆发了。出于对祖国的热爱，玻尔拒绝了诸多的邀请，回到了丹麦，出任哥本哈根大学

的教授，并决定建立一所专门研究物理的研究所。这个研究所后来成为欧洲物理界一颗璀璨的明珠，吸引着全欧洲的青年才俊。

小豆丁的疑惑

Q：不同物质燃烧的火焰为什么是不同颜色的？

A：如果将我们平时吃的食盐点燃，我们将会看到黄色的火焰。如果是含有铜元素的物质燃烧时，我们将看到蓝色的火焰；含有锶元素的物质燃烧时，我们将看到洋红色的火焰。

这些物质之所以在燃烧时会发出不同颜色的火焰，是因为原子内部发生了量子跃迁。当原子内的电子吸收能量后，就会发生量子跃迁，也就是从一个轨道跃跑到另一个轨道，同时释放出特定波长的光来。因为波长不同，所以就呈现了不同的颜色。

小豆丁的自力更生

小豆丁在查阅相关资料时，看到一个有关卢瑟福的小故事，这个故事对小豆丁的影响很大。这次他想分享出来跟大家一起学习。

卢瑟福当老师时，经常对自己的学生说：只有勤于和善于思考的人，才能获得知识。据说，有一天深夜，卢瑟福到实验室去巡视，看到一个学生依然在试验台前勤奋地工作，于是他就关心地问道："这么晚了，你在做什么呢？"

那位学生说："老师，我在做实验。"卢瑟福又问道："那你白天都在做什么呢？"那位同学骄傲地回答："老师，我也在做实验。"卢瑟福说："你很勤奋，整天都在做实验。但是，我想问一下，你什么时候思考呢？"

卢瑟福的这句"你什么时候思考呢"深深震撼着小豆丁。因为在这之前，小豆丁也跟那位学生一样，整天只知道去学习各种新的知识，很少自己去主动思考，很少去问一些为什么。这样不思考，只会死记硬背式的学习学到的东西是很有限的。

　　小豆丁决定改变自己以往的学习习惯，要多用自己的脑袋去思考一些问题。因为小豆丁发现，伟大的物理学家都是喜欢思考的，小豆丁也想当一个伟大的物理学家，也想解开量子世界的一些未解之谜，所以他要从小就养成勤于思考的习惯。

02 量子世界的奇妙之旅

书上说不同的测量手段会影响实验的结果，可是为什么我用好多办法来称自己的体重都完全一样呢？！

啊，
我们居然也是个波？！

是粒子，还是波

当玻尔提出原子的"量子化模型"时，曾经假设电子只具有量子化的能级和轨道，可是电子为什么必须是量子化的呢？它的理论基础又是什么？玻尔并没有给出一个好的解释。并且，玻尔的理论在解释只有一个电子的氢原子、氘原子（氢的同位素）时很好用，但是解释具有两个及以上电子的原子时，就不行了。

也正是科学家对这些未解问题不断探索，才不断推动科学的发展，推动社会的不断进步。

在玻尔的理论举步维艰时，一场新的革命已经在酝酿，这次的领头人是法国物理学家路易·维克多·德布罗意，他出生于一个标准的贵族家庭，后来世袭成为第七位德布罗意公爵。

虽然德布罗意出身在贵族家庭，并且从小就天资卓越，但是他从来不恃宠而骄，为人不仅谦逊有礼，还是个工作狂，对自己喜欢的事情都是全身心地投入进去。

德布罗意从小就酷爱读书，尤其对历史很感兴趣，18岁时（1910年）就获得了文学学士学位。不过大学毕业后，他并没有在历史领域进行更多的研究，因为当他从物理学家的哥哥那里听到索尔维物理研讨会（当时他的哥哥莫里斯·德布罗意是大会的秘书）上讨论的光、辐射、量子等问题后，

索尔维物理研讨会

它是 1911 年比利时化学工业家和社会活动家 E. 索尔维首次提倡召开的国际物理学会议。

索尔维会议与传统的学术会议不同，它主要讨论物理学发展中需要解决的一些重要问题。

马上就被深深吸引住了，于是开始转向理论物理的研究。

在第一次世界大战时，德布罗意到军队服役，被分配到巴黎埃菲尔铁塔上的无线电报站。即便在战争的艰苦条件下，德布罗意也没有放弃自己对物理的喜爱，尽可能地利用当时有限的条件去学习无线电方面的知识。

第一次世界大战结束后，德布罗意就回到他哥哥的实验室研究 X 射线，从而了解到 X 射线有时像波有时又像粒子的奇怪特性。

多年来，人们对光到底是粒子还是波一直争论不休。1905 年，爱因斯坦指出，

只有将光的粒子性和波动性结合起来，才能解释光的所有现象，也就是说光有时表现得像波，有时又像粒子，这就是光的波粒二象性。此说法后来渐渐被大家所接受。

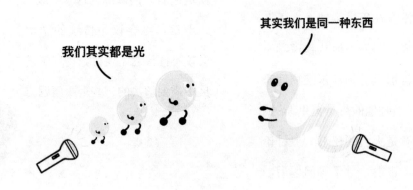

我们其实都是光

其实我们是同一种东西

光的波粒二象性

在爱因斯坦等人的启发下，德布罗意想：既然电子在经典物理中被描述为粒子，那么在微观世界中，它是否也具有"波动性"呢？于是就提出了"物质波"这个新的概念，把波动和粒子结合起来。他设想所有运动着的粒子（比如电子）都必定伴随着波，其波长和粒子的质量及速度有关。如果我们知道了波长，那么就可以了解该粒子的运动形态。

对于德布罗意这个大胆的理论，很多人表示不理解，因为电子明明是个粒子，怎么又是波呢？宇宙万物都是由原子构成，而原子又是由原子核和电子构成，如果电子是个波，那么人也是个波了？树也是个波了？……这听起来太荒谬了。

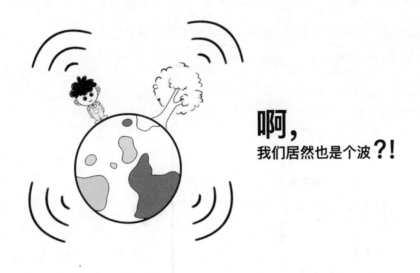

啊，
我们居然也是个波？!

有人让德布罗意拿出证据来，证明电子是个波，比如说电子能实现衍射实验。虽然当时德布罗意没有拿出这样一个证据，但是他预言：当电子通过一个小孔或者晶体时，将会产生像光波那样可以观测的衍射现象。

　　德布罗意的老师朗之万，也无法肯定自己学生的这个理论是不是具有可推导性，于是就将他有关此理论的一篇论文寄给了爱因斯坦，让他帮忙看看。爱因斯坦看后即给予了高度的评价，还称德布罗意"揭开了帷幕的一角"。

　　1927年，德布罗意所预言的电子衍射被物理学家克林顿·戴维森与雷斯特·革末用实验证实了（即著名的戴维森—革末实验）。同年，G. P. 汤姆孙（J. J. 汤姆孙的儿子）等人用电子衍射进一步证明了电子具有波动性。

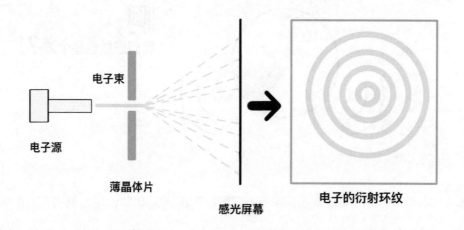

在确凿的事实面前，那些曾经怀疑德布罗意物质波理论的人也不得不承认其正确性。只是他们也没想到德布罗意的物质波理论，将会给物理学带来什么样的剧变。

小豆丁的疑惑

Q：既然电子是波，那么为什么我们看不到物体发出的波呢？

A：德布罗意将光的波粒二象性进一步推广，提出了一切微观粒子都具有波动性的假设，并且推导出这个波的波长 $\lambda = \dfrac{h}{p}$（其中，p 为量子的动量，$p=mv$，这里 h 就是普朗克常数）。

从这个公式可以得出，如果我们知道了粒子的质量和速度，那么就能计算出该粒子所发出物质波的波长，比如，室温下氢原子的物质波波长仅为 0.021 nm，也就是 2.1×10^{-11} m。这大概是个什么概念呢？我们一根头发的直径大约是 0.05 mm，如果将它平均分成 5 万片，那么每片的厚度就是 1 nm。即一根头发直径的五万分之一

纳 米

用来表示长度的单位。

人类为了规范长度而制定的基本单位，国际单位是米（m）。常用的单位有千米（km）、米（m）、分米（dm）、厘米（cm）、毫米（mm）、微米（μm）、纳米（nm）等。

1 km=1 000 m

=100 000 cm

=1 000 000 mm

=1 000 000 000 000 nm

大约是氢原子物质波波长的47倍，可以想象，这个物质波该是多么小了。这样小的波，用肉眼根本是看不到的。

因为在自然界中，氢原子是质量最小的原子，那么其他原子的物质波波长只会更短。跟宏观物体相比，其物质波波长要远远小于宏观物体的尺寸，所以其波动效应通常是很难观察到的。

所以，对于宏观物体，科学家通常用经典物理去描述其运动；只有对那些微观粒子，科学家才采用量子这样的微观概念去描述。

小豆丁的自力更生

对于电子的波粒二象性，小豆丁还不是很理解，他拿起书本沉思起来。当他无意识地把书拿起来，又侧翻过去，突然，小豆丁发现当他正面看这本书时，是一个长和宽差不多的长方形，但是，从侧面看这本书时，却成了一个长和宽相差很多的长方形。小豆丁豁然明白了，原来所谓的二象性，就是从不同的角度去观察同一个东西得到不同的结果。

因为电子、光子都实在太小了，我们用肉眼根本看不到它们是什么样的，也无法得出它们的运动规律，于是我们只能用科学的方法去测试它们，测试的方法有几种。科学家发现，随着所用方法的不同，得到的结果也是不同的，有时我们测出的光具有粒子性，有时测出的却又表现出波动性。

早在 19 世纪初，英国物理学家托马斯·杨就通过双缝实验的明暗干涉条纹，证明了光是一种波。

处于生死叠加态的猫

德布罗意提出物质波理论以后，奥地利物理学家薛定谔就开始思考：既然是物质波，那么总得有个波动方程来描述这个物质波。他仔细钻研了德布罗意论文中的相对性理论，推导出一个相对性的波动方程，也就是著名的薛定谔波动方程。

能　级

原子核外的电子，由于具有不同的能量，就在各自不同的轨道上绕核运动。也就是说，能量不同的电子分别处在不同的等级上，于是人们就将这些不同的能量值称为能级。

1926 年，薛定谔将这个波动方程用在氢原子上，精准地计算出氢原子的能级和波函数，并跟实验结果相吻合。

薛定谔的波动方程一出，立即引起了量子学界的欢呼。普朗克表示"这就像渴求答案的孩子，终于得到了解答"；爱因斯坦称赞其著作源自一位真正的天才；自旋的发现者之一乔治·乌伦贝克，则感谢薛定谔将自己从那抽象又陌生的矩阵代数（海森堡提出的）中解救了出来。

因为薛定谔的微分方程通俗形象，不像海森堡的矩阵那样晦涩难懂，所以大家对薛定谔的波动方程是热烈欢迎的，除了海森堡外。

不过，虽然薛定谔推导出了能够正确描述波函数的方程，但是对于这个波函数到底代表什么却不清楚。薛定谔自己解释说，他的波函数是一个空间分布函数，用来表示微观粒子在空间中的实际分布情况。比如电子、光子等，它们其实都是波，这些波就像云彩一样弥散在空间中，而波函数就是用来描述这些微观粒子行为的本征函数（相关并具有一定固定特点的函数）。

但是，德国物理学家马克斯·玻恩不这么认为。他发现，如果将神秘的波函数进行平方，那么就能得出电子在空间某一位置出现的概率。根据马克斯·玻恩的观点，量子力学中的电子，不像经典粒子那样具有确定性的位置，而是随机

概　率

反映在一定条件下，随机事件出现的可能性大小。我们将那些研究偶然事件内在规律的学科叫概率论。

出现在空间中的某个点。不过，虽然出现的每个点是不确定的，但是电子出现在特定点的概率却是一定的，这个概率可以由薛定谔方程计算出来。也就是说，薛定谔方程其实描述的是电子出现在某个位置的"概率"。

虽然马克斯·玻恩的这个说法得到不少物理学家的支持，但是薛定谔本人并不赞同这种"概率"的解释。

在经典世界中，所有粒子在任意时刻都是一个固定的点；但是在量子世界中，电子在某一时刻有可能在空间中的任何一点，并且只是处在不同位置的概率不同而已。比如，一个电子在 A 点的概率是 80%，在 B 点的概率是 20%，那么该

电子的状态就是"A"和"B"的叠加态。这种说法让薛定谔很难接受，并且爱因斯坦也表示无法接受电子的这种状态。

这就好比现实中，此时此刻可能你正躺在卧室看这本书，或者正在客厅看这本书，只能是其中的一个状态；但是，如果在微观的量子世界，你是处于卧室和客厅的叠加状态，也就是说你既在卧室又在客厅，这听起来是不是匪夷所思？！并且，更加让人惊奇的是，如果我们对量子状态进行测量的话，量子的这种叠加态就会消失，会自动坍缩成一个固定状态。也就是说，如果这个时候刚好有人看到了你，你就立即变成了在卧室或在客厅两种状态中的一种。

在宏观世界中，所有物体，不管我们观察还是不观察，它都在那里；但是，在量子世界里，却不是这样简单，在没观察之前，这个物体是没有固定状态的，即可以在这里，也可

> **叠加状态**
>
> 　在量子力学中，叠加状态并不是单纯的 A+B 状态或者 A 状态或 B 状态，而是 AB 的混合状态，既是 A 状态又是 B 状态，但物体又只能处于一种状态之下，这就是叠加状态的神奇之处。

以在那里，是处在所有地方的叠加态；但是，只要一观察，这个叠加态就会坍缩成一个确定的本征态。

薛定谔听了马克斯·玻恩对自己方程的解释后，感觉很可笑，认为其将自己的波函数解释成了一个概率波，于是他就想象出一个跟"猫"有关的思想实验（不是真的去做），用来讽刺哥本哈根学派解释的荒谬性。

他假设把一只猫放进一个装有致命毒气瓶的封闭盒子中，这个盒子还配备了放射性粒子激活的机制。放射性也是一种量子现象，也有概率的属性，所以这个毒气瓶有 50% 的概率会被打开，释放出毒气，于是猫就被毒死；也有 50% 的概率毒气瓶没有被打开，猫依然还活着。

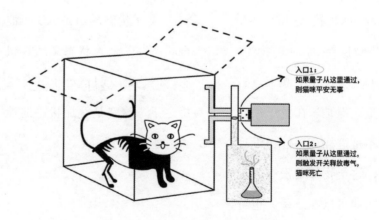

根据哥本哈根的解释，在我们没有打开盒子观察之前，这只可怜的猫一直处在"死"和"活"的叠加态，直到有人打开盒子进行观察时，这种叠加态才会坍缩，变成一个确定的状态，也就是说猫或者死了，或者活着。这样的理论严重违背了我们日常的经验，一只猫要不是死的，要不就是活的，怎么可能处在这样即死又活的状态呢？

但是，在量子世界中，一切就是这样神奇，一切都跟我们现实所见的世界完全不同。如果你始终用宏观世界中的思维去试图理解量子世界，那么你将很难弄明白。就像"量子之父"普朗克，就像量子理论的奠基者爱因斯坦、薛定谔等人，是他们发现了量子，并推动量子学的发展，但是后来因为各自的原因而无法接受量子世界的新理论，从而站在量子新理论的对立面，这不禁让人扼腕。

小豆丁的疑惑

Q：什么是波函数坍缩？

A：当人们用电子来做双缝干涉实验时，发现了一个怪异的现象。实验是用电子发射器依次发射电子，让这些电子通过双缝的栅栏，然后到达后面的屏幕。物理学家发现，当他们不去观测电子时，电子可以同时通过两个缝隙，表现出只有波才有的规律；但是，只要去观察它到底是怎样运动时，电子就马上"安分"下来，按照原来的方向，只能通过一个缝隙，完全没有了波的性质。人们将这种因为观察而让实验结果发生改变的现象，称为波函数坍缩。

小豆丁的自力更生

小豆丁对薛定谔的波函数方程还是一知半解，就让爸爸买来很多书进行阅读。在阅读中，小豆丁发现，薛定谔方程的推出也不是一帆风顺的，因为开始时没有考虑到电子的自旋，所以结果并不令人满意，后来重新推导才得出完美的波函数方程。

因为薛定谔对自己的波函数方程是从经典传统的理论去解释的，对此丹麦物理学家玻尔很不认同，于是就邀请薛定谔到哥本哈根来讨论。据说从薛定谔抵达哥本哈根的火车站开始，玻尔就跟他争论不休了，从白天到夜晚一直在争论，最后薛定谔病倒在病床上，玻尔还站在床头跟他继续争辩。

　　小豆丁发现，那些传奇式的人物都有一个共同点，那就是对这个世界的好奇和执着，对于未知的世界，他们愿意用毕生的心血去探索。可能正是因为他们这样执着的努力，量子学的大厦才拔地而起。

你猜我在哪——不确定性原理

矩　阵

一个数学术语，19 世纪时由英国数学家凯利提出。

矩阵是高等数学中常见的工具，是一个按照长方形排列的复数或者实数的集合。比如：

$$\begin{bmatrix} 4 & 2 & 8 \\ 1 & 5 & 3 \\ 7 & 6 & 9 \end{bmatrix}$$

就是一个3行3列的矩阵。

1922 年，哥本哈根学派的创始人玻尔应邀到哥廷根进行学术访问，一连做了 7 场原子理论的演讲，在当地引起了巨大的反响。当时才华横溢的德国物理学家海森堡，跟随他的导师索末菲也去聆听了玻尔的演讲，并且还向玻尔提出了一些很有见地的异议，给玻尔留下了深刻的印象。

1924 年，玻尔邀请海森堡到哥本哈根与自己的团队共同工作一年，海森堡很开心，那

动　量

物体质量与它速度的乘积 $p=mv$。它指的是运动物体的作用效果，动量是有方向的，它的方向跟速度方向相同。

可是大名鼎鼎的玻尔啊。

在哥本哈根的那段日子，海森堡发现周围的人都很有才华，于是争强好胜的他就更加努力地学习。海森堡发现，玻尔对很多物理现象的看法都带着哲学色彩，这让他第一次知道，原来物理学里也蕴含哲学思想，这对他以后的思维模式产生了很大的影响。

1925 年，海森堡回到哥廷根，他想从氢原子的谱线出发，找到量子体系的基本原理，结果遇到了无法克服的数学问题。于是，他就转换思路，决定从电子的运动出发，先建立一个基本的运动模型。不过，海森堡建立起来的却是矩阵力学，这是当时全欧洲的物理学家几乎完全陌生的东西。

将论文写好后，海森堡将它递给了自己的导师马克斯·玻恩，询问他的看法。玻恩说："它对我们一直追求的体系来说，是一次伟大的突破。"这标志着量子力学的首次公开亮相。

为了给海森堡的理论打下一个坚实的数学基础，玻恩与德国物理学家约尔

当一起写了一篇著名的论文《论量子力学》。在这篇论文中，详细解释了矩阵运算的基本法则。很快，量子力学就得到进一步的完善。

不过，海森堡的新体系太难了，晦涩难懂的矩阵让人很难理解。所以，当薛定谔用传统的波动方程来表示时，很快就受到热烈的欢迎，大家终于从矩阵中解脱了。

虽然后来证明，其实这两个在数学上是完全一样的，但是因为薛定谔方程简单明了，而且还有图像，所以广受欢迎。就连海森堡的老师索末菲，还有导师玻恩，以及他的良师益友玻尔，都"叛变"了，这让海森堡很失落。不过，伟大科学家的失落并不是自怨自艾，而是决心找到一个更厉害的理论。

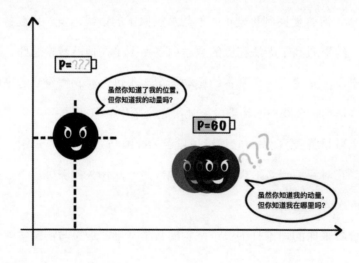

　　海森堡发现，微观世界与宏观世界有很大的不同，在微观世界，我们根本没法同时确定粒子的位置和动量。也就是说，在微观世界，你想确定粒子的位置，那么它的动量就没法确定；如果你确定了粒子的动量，那么它的位置就不确定了。不管怎样，这两个不能同时被确定。这就是海森堡提出的不确定性原理。

　　这跟宏观世界是如此的不同。在宏观世界里，无论物体的位置还是动量，我们都能精准地测量出来。为什么到了微观世界就不能同时确定了呢？其实，问题就出在测量上。因为微观粒子太小了，我们没法用肉眼直观地去看，只能借助一些仪器来探测。

通常，我们探测粒子的位置，是将光子打到粒子上面，然后通过反射光线来观察粒子的位置。如果，发射出去的光子波长太长，大于粒子的尺寸，那么就无法反射回来，我们也就观察不到粒子，或者测到的偏差太大。想要精确地测量出粒子的位置，只能让光子的波长尽量短。

前面我们说过，光子波长越短频率越大，光子的能量也就越大，当能量大的光子打到粒子上时，就会对粒子原来的运动产生影响，并且能量越大，越容易干扰。这就好比，如果一个人走在路上被一只蚂蚁撞上，可能根本没什么感觉，但是如果被一头大象撞一下，运动轨迹一定会发生变化。这也意味着，用光子虽然测准了微粒的位置，但是动量就没法测量准确了。想要测量粒子的动量，我们只能用能量小的光子去测量，这样的话，光的波长肯定会长，而长的波长又无法测准粒子的位置。

你看，测准了粒子的位置，又测不准粒子的动量；测准了粒子的动量，却又测不准粒子的位置。无论如何，二者不可兼得，这就是海森堡的不确定性原理，也叫测不准原理。微观世界的物质都遵从这个不确定性原理。

后来，海森堡还发现，能量和时间也存在这样不确定的关系。只要能量测量得越准确，那么时间就越模糊；如果时间测量得越准确，能量就会越模糊。

Q：微观世界遵从测不准原理，宏观世界也遵从这个原理吗？

A：其实，宏观世界也遵从这个测不准原理，只是宏观物体的不确定度非常小，小到用现有的仪器都根本测不出。如一个正常的人，他的位置不确定度只有一亿亿亿亿亿分之一米，这样小的数值，跟宏观物体这个庞然大物一比简直可以忽略不计了，这样我们也就将其视为没有偏差了。

小豆丁在查资料时发现，在量子世界里，有可能选择不同的测量手段就会得到不同的实验结果。在宏观世界中，当我们想称一个西瓜的重量时，可以选择电子秤、弹簧秤等来称，理论上是没有什么区别的，因为个体观察者对它的影响小到可以忽略不计。但是，在量子世界，因为我们测量的对象实在太小了，

以至于我们的任何行动对它们来说都是一场"大地震"，都会对结果产生影响。

小豆丁心想，如果我们的科技发展到一定程度，那时制造出更先进的仪器是不是就能避免在观察时对粒子的影响呢？如果可以避免，那么这个不确定原理是不是就不存在了呢？

量子"穿墙术"

大家还记得本书开始时小豆丁做的那个梦吗？他梦见量子穿墙而过。这一节我们要解释为什么量子具有这样的"超能力"。

说起量子的这个超能力，还要从 1896 年说起。那一年，法国物理学家贝克勒尔发现稀有元素铀具有放射性，能够释放出 α 粒子，但是人们对铀为什么能释放出 α 粒子还是不了解。因为铀原子核里的质子和中子之间的作用力很强，α 粒子是怎样挣脱这样强大的作用力跑出了的呢？这就好像把你关在一个四面都是坚固墙壁的房间，但是你却能逃脱出去一样，

α粒子

由某些放射性物质在衰变时释放出来的，带正电，穿透力不大，却能伤害动物的皮肤。它是由两个中子和两个质子构成，质量是氢原子的 4 倍，速度可达每秒钟两万千米。

让人觉得不可思议。

对于这样不可思议的现象，经典物理理论已经无能为力了，不过我们还有新兴的理论——量子力学。在量子世界，粒子的不确定性和波粒二象性等理论都已经存在，看起来这次又到了量子展现威力的时候了。

1927 年，德国物理学家弗里德里希·洪德在研究分子光谱时发现，微观粒子会穿越中间的障碍。1928 年美国核物理学家乔治·伽莫夫提出可以用量子隧穿（隧道）效应来解释原子核的 α 衰变。量子隧穿（隧道）效应指的是，像电子等微观粒子能够穿入或穿出"势垒"的量子行为。

　　在原子核内部，质子和中子间的强大作用力就像一道屏障，将 α 粒子紧紧束缚在里面。物理学家将这道束缚粒子的能量屏障叫"势垒"。在经典物理学理论中，只有能量大于势垒的粒子，才有可能穿过屏障，跑到外面去。一般情况下，α 粒子是没有足够的能量穿过这道屏障；但是发生 α 衰变时，α 粒子却穿过了这道屏障。

根据量子力学的理论，α粒子既是粒子也是波，具有波动性，所以就有一定的概率以波的形式直接穿过势垒，逃离原子核，于是α衰变就发生了。并且粒子的能量越大，穿透势垒的概率也就越大，粒子穿透势垒的概率可以通过薛定谔方程求解。这里强调一点，微观粒子发生量子隧穿效应只是一种概率，不是说一定会发生。

其实日常生活中，当我们打开音响听音乐时，即使隔着墙我们也能听到隐隐约约的音乐声。这主要是因为，当声波遇到墙时，虽然大部分都被反弹了回去，但是还是有一小部分穿过了墙壁，所以我们能在墙的另一面听到微弱的声音。

根据最新的研究，物理学家发现量子隧穿效应发生的时间很短暂，几乎是瞬间就完成了，这说明它的速度很大。根据氢原子隧穿的试验，人们发现微观粒子进行量子隧穿的速度远远超过了光速。但我们也知道，光速是不可能被超越的。这是不是意味着量子隧穿违背了爱因斯坦在狭义相对论中提出的光速最快定律呢？

现在下结论还有点为时过早，因为微观粒子都具有不确定性，并且这样小的尺寸，观测行为本身也会对结果产生影响。不过，在量子世界中疑似超过光速的现象，还存在于处于量子纠缠状态的粒子中，下一节我们就将讲述。

Q：我们有穿墙而过的可能吗？

A：既然电子、中子、质子都有隧穿的可能，那么由这些粒子组成的我们，是不是也有穿墙而过的可能呢？从理论上来说这种可能是存在的，不过别高兴得太早，因为我们身体的粒子数量实在是太多了，想要它们同时都穿过墙的概率实在是太小，有可能永远都不会发生。

不过，也许未来有一天，人类能洞悉量子世界的一些秘密，找到一种办法将这种可能变成现实。

小豆丁的自力更生

小豆丁在阅读中发现，太阳和所有已知的恒星之所以能发光就是因为量子隧穿效应。太阳里面的氢原子核在不停地发生着核聚变，变成氦原子核，在这个过程中释放大量的能量。

但是两个原子核都是带正电荷，它们之间的斥力是非常大的，它们是怎么

融合的呢？秘密就在于量子隧穿效应。量子隧穿效应让它们克服势垒，融合在一起，最终形成新物质，从而释放出大量的能量。

如果宇宙中的粒子没有这些奇妙的特性，那么太阳中的核聚变就不会发生，那些恒星也不会冲我们"眨眼睛"，我们的宇宙可能永远是冰冷的，我们也就不会在这里读这本书。

量子纠缠之谜

　　虽然爱因斯坦提出了光量子理论，他也是量子力学的开创者和奠基人，但是他不愿意抛弃经典物理的连续性。他始终觉得物理世界有一个严格的因果规律，量子力学背后还有一个没有被发现的"隐变量"存在，这个"隐变量"可以完美解释物理世界中的所有行为。但这一定不是哥本哈根派的那个不确定性和概率论。

　　这期间爱因斯坦跟玻尔有过几次"论战"，不过都以自己的失败而黯然收场。但是，爱因斯坦并没有因此放弃自己的看法，而是继续思考量子力学的问题，决心设计一个更加完备的思想实验，从根本上揭示量子力学的荒谬。

　　这里有必要说明一下，其实爱因斯坦反对的不是量子力学，只是他的思想还停留在经典物理中，对于量子世界里一些激进的想法一直无法接受，于是一次又一次地对量子力学发起攻击。不过量子力学，在他的反击中却蓬勃地发展起来了，从这一点来说，爱因斯坦从侧面推进了量子力学的发展。

　　1935 年，爱因斯坦终于又设想出了一个著名的"EPR 佯谬"（EPR 分别代表爱因斯坦、波多尔斯基、罗森三人），再一次对量子力学发起攻击。不过这次，爱因斯坦不再说量子力学是自相矛盾的，或者错误的，而是说量子力学是不完备的。

量子力学的理论认为，在我们没有观测之前，粒子的状态是不确定的，它的波函数是弥散的，代表着它的概率。但是当我们观测以后，

佯谬

根据一个理论，然后推导出一个跟事实不相符合的结果。

这里指爱因斯坦根据量子力学的理论，推导出两个纠缠的粒子，虽然相距很远，却能在一个发生改变时，另一个也发生相应的改变。

波函数马上坍缩成一个确定的值出现在我们眼前。于是爱因斯坦就设想了这样一个思想实验：一个自旋为 0 的，不稳定的大粒子，很快衰变成两个一样的小粒子，向两个相反的方向飞出去。假设这两个小粒子有两种可能的自旋，分别是"左旋"和"右旋"，根据自旋（角动量）守恒原则，当 A 粒子的自旋为"左旋"时，那么 B 粒子的自旋肯定是"右旋"，反之亦然。

这两个构成纠缠态的粒子 A 和 B 向相反的方向飞走，相距越来越远，根据

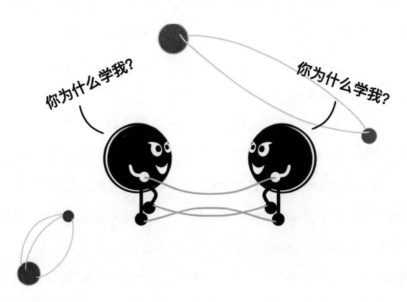

守恒定律，不管相距多远，它们的自旋方向永远相反。当我们不去观测时，它们的状态是不确定的，每个粒子都处在"左旋"和"右旋"的叠加态。但是，当我们去观测 A 时，它在一瞬间就坍缩了，假设它的自旋状态是"左旋"，那么 B 的自旋状态肯定是"右旋"。

爱因斯坦的"终极大招"来了，假如 A 和 B 已经相隔很远，比如几万光年，它们是怎么在一瞬间将这个信息传递出去，使得 B 在一瞬间坍缩成"右旋"的状态的？

根据量子力学的理论，粒子 A 选择"左旋"是完全随机的，它们事先并没有商量让 A 粒子一定选择"左旋"。既然 A 粒子随机做出选择"左旋",那么相隔那么远的 B 又是如何得知 A 的选择,然后根据 A 的选择做出自己"右旋"的决定呢?要知道这个速度可是超过了光速啊。

爱因斯坦认为,既然不可能有超过光速的信号传播,那么 A、B 粒子在观测前是"不确定的幽灵"显然不对。唯一的可能,就是这两个粒子从分离的那一刻,其状态就已经确定了。就像一双手套,我们将它们分开,一只放在送往北京的箱子里,另一只送到月球的箱子里,当我们打开北京的箱子,发现是左手的手套时,那么月球上的那只肯定就是右手的。

玻尔得知爱因斯坦的"大招"后,很快就发现其中的破绽。玻尔认为,爱因斯坦在微观世界中总是将观测手段跟客观世界割裂开来,这样的思想根本就是错误的。因为在微观世界,观测手段会影响实验结果,微观的世界只有跟观测手段一起考虑才有意义。所以,在观测前就讨论粒子是"左旋"还是"右旋"根本没有任何意义。

此外,既然这两个粒子是相互纠缠的一个整体,那么不管它们相隔多远还都是一个整体,而不能将它们看作是两个个体。既然它们是协调相关的一个整体,那它们之间还需要传递什么信息呢?

从两人的争论中,我们可以看出,这是两人的哲学观不同,爱因斯坦是"经典局域实在观"，而玻尔的是"量子非局域实在观"。这种哲学观的差异将很难改变，所以爱因斯坦对玻尔这种古怪的回答还是很难接受，最终"纠缠"在自己提出的量子纠缠中无法自拔。

小豆丁的疑惑

Q：人们首次拍出量子纠缠的照片意味着什么？

A：2019 年 7 月，格拉斯哥大学的物理学家拍摄到了量子纠缠的图像，这是继引力波、黑洞照片之后，人类的又一次重大发现。这个发现让人类离解开宇宙之谜又迈进了一大步。

现在科学家已经将量子纠缠技术应用到多种学科上，比如量子计算和量子通信等。

爱因斯坦本来想要借助量子纠缠来证明量子力学的不完备，结果他的这个思想实验却实实在在地验证了量子力学。

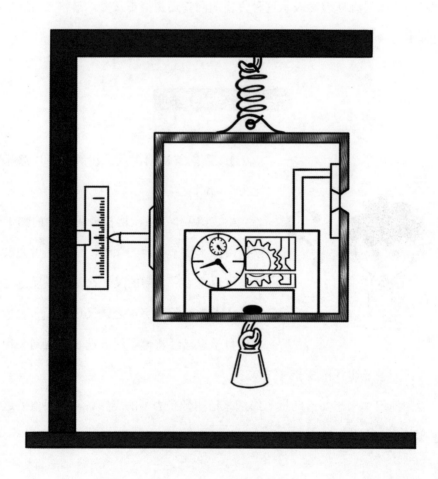

小豆丁的自力更生

　　小豆丁发现，玻尔"吵架"很厉害，跟爱因斯坦的几次"大战"都以胜利而告终，并且胜利得非常精彩，其中很有意思的一次居然是用爱因斯坦的理论打败了爱因斯坦的挑战。

　　那是1930年的秋天，第六届索尔维会议上，爱因斯坦提出了他那著名的"光子盒"思想实验：在一个精密的弹簧上，悬挂着一个装有光子的密封盒子，盒子上开一个小洞，洞口有一个可以精准测量挡板开启时间的机械钟。

　　实验开始时，通过弹簧秤可以测量盒子的质量，然后快速开启快门，让一个光子逸出，快门关闭时，再测量一次盒子的质量。这样盒子减少的质量 m 就是光子的质量，根据相对论的方程 $E=mc^2$，就可以精准地计算出盒子减少的能量。在这个实验中，时间可以由精密的机械钟准确测量出。

　　爱因斯坦认为，这样的话，能量和时间都很确定，这就跟海森堡提出的能量和时间不能同时准确测量的不确定性相矛盾，所以他认为玻尔他们的观点不正确。

玻尔听了爱因斯坦这个思想实验以后，当时没有想到什么好的反驳理由。不过经过一夜的深思熟虑，玻尔就想到了一个绝妙的反击方法。

玻尔说当这个盒子的光子跑出后，盒子的质量就会变轻，那么就会上移。根据爱因斯坦的广义相对论，盒子里机械钟的时间快慢也发生了变化，也就是说时间是没法测准的，这正遵循了量子力学中的不确定性原理。

当爱因斯坦听到玻尔的这个解释以后，惊讶得说不出话来。

上帝掷骰子吗

　　爱因斯坦的量子纠缠思想实验，并没有影响量子力学的蓬勃发展。不过玻尔对量子纠缠的解释，爱因斯坦还是不能接受。玻尔认为随机性是物理世界的内在本质，但是爱因斯坦始终认为宇宙不是随机的，是经典物理式的，在微观世界还有一个我们没有发现的隐变量，因为他认为"上帝不会掷骰子"。

　　上帝到底掷骰子吗？这个微观世界到底有没有隐变量呢？如果我们能用实验证明他们的争论，那么一切不就清楚了吗？是的，有人不仅这么想了，还将此付诸于行动，这个人就是英国的物理学家约翰·贝尔，他在 11 岁时就立志要当一名科学家，并且一直为自己的梦想而努力着。

　　1928 年约翰·贝尔出生时，量子力学已经确立了；等他上大学时，哥本哈根派的量子理论已经占据了主导地位。不过，他并没有随大流，而是对量子理论有着自己的看法。他赞同爱因斯坦的看法，觉得玻尔等人可能忽略了某些隐变量的存在。他想要用实验去证明爱因斯坦的隐变量想法是对的。但是，想要找到量子纠缠态背后的隐变量谈何容易。那些微观的粒子简直就是让人无法琢磨的"小精灵",它们的隐变量又藏在哪里呢?贝尔一直在思考这些问题。

1963 年,贝尔获得到美国斯坦福大学直线加速器实验室工作一年的机会。加州田园的风光、怡人的气候、开放而又宽松的学术气氛,让贝尔可以沉下心来对 EPR 佯谬和隐变数理论进行深刻的思考。1964 年,他终于得出了一个强有力的数学不等式,也就是贝尔不等式。

$$| P_{xz} - P_{zy} | \leqslant 1 + P_{xy}$$

贝尔的结论是,如果一个系统真的存在隐变量,那么对某个量的统计测量结果都应该符合自己的这个不等式,并预言这个统计测量值都不大于 2;如果实验测量的结果大于 2,那么就意味着局域隐变量理论是错误的。

　　贝尔不等式的提出，让人们可以直接用实验去验证，玻尔的不确定性和爱因斯坦的隐变量到底谁对谁错。

　　贝尔提出自己的不等式时，大多物理学家都已经默认了量子力学理论的正确性，所以，当时并没有引起多少人的关注，何况想要得到量子纠缠态真的很难。但是总有那些不畏艰难的人，他们喜欢啃"硬骨头"。

　　那个敢于挑战的人就是约翰·克劳泽，他是美国实验物理学家。当克劳泽把自己想要用实验来测试贝尔不等式的想法，告诉理查德·费曼（1965 年诺贝尔物理奖得主）时，费曼当时就将他从自己的办公室"扔了出去"。

　　虽然这个想法看起来很疯狂，但是克劳泽却认为做这个实验是很有必要的，因为他当航空学家的父亲经常告诉他："不要轻易相信那些理论学家的漂亮理论，你要从实验中找到那些原始数据。"

　　经过坚持不懈的努力，1972 年克劳泽和他的合作者，终于成为验证贝尔不等式的第一人。不过，实验的结果却违背了贝尔创建不等式的初衷，一次次的实验都证明量子理论的正确性。

　　1982 年，法国的物理学家阿兰·阿斯佩等人在克劳泽的基础上，改进了实验，解决了存在的一些漏洞，让实验更加完善，不过结果一样违反了贝尔不等式。

　　克劳泽和阿斯佩的试验结果都证明了量子纠缠现象是客观存在的，量子可以超越空间进行联系，好像它们之间的距离根本不存在一样。曾经，爱因斯坦认为不可能的超距幽灵作用，是真实存在的。

虽然量子纠缠让人难以理解，可事实就是这样。在阿斯佩验证贝尔不等式以后，几十年又过去了，人们在很多系统中都验证了贝尔不等式，所有的试验都支持量子理论。

小豆丁的疑惑

Q：什么是实验漏洞？

A：在物理实验中，可能存在一些影响实验结果有效性的问题，这些问题就是漏洞。贝尔不等式实验的技术漏洞主要有三种：局域性漏洞、探测器漏洞和自由选择漏洞。

局域性漏洞是指，由于两个纠缠粒子距离太近可能产生的漏洞。比如说审讯犯人时都要将他们分开单独审讯，而不是放在一起审讯，就是防止他们因为离得太近，能偷听到对方的话而串供。

探测器漏洞是指探测器效率的漏洞，这是光学实验中最普遍的漏洞，也就是说，在若干纠缠的光子中只有一部分而不是全部被检测到，从而影响实验结果。这就像老师检查同学们的作业完成情况，没有全部检查，而是选择了抽查。全班一共 30 人，有 6 个同学没做作业，老师一共抽查了 6 个人的作业，正好把 6 个人都抽查到了，于是得出 100% 都没做作业的错误结论。想要得到真实的情况，就是把所有人的作业都检查了。

自由选择漏洞，因为实验的观测者是机器（随机数产生器），这些机器可能与产生纠缠光子的机器产生联系，从而影响实验的结果。

小豆丁的自力更生

虽然量子纠缠很难理解，但是小豆丁还是准备接受它，因为这个理论太酷了，简直让人着迷。小豆丁觉得这纠缠的量子，就像我们所说的心电感应一样，一方能知道对方的一切。

但是为什么会这样呢？小豆丁也不知道。如果以后我们将量子纠缠的原因弄明白了，那么我们是不是可以利用这个超距作用，实现"瞬间移

动"呢？

　　还有，以后人类要去遥远的太空旅行，是不是就可以利用量子纠缠来实现实时通信？到时跟朋友聊天就像在地球上一样没有延迟，可以随时告诉他们太空中的趣事，想想就很让人激动呢。

　　想到这些有趣的未来，小豆丁也想成为一名酷酷的物理学家，想去解开这些神秘的现象。

03 神奇的量子计算机

听说量子计算机会"分身术",其计算速度非常快,大家都想拥有量子计算机呢……

什么是量子计算机

在 2019 年国际消费电子展上，IBM 公司展示了世界上第一台商用的集成量子计算系统——IBM Q System One 模型。这个坐落在 2.3 米高的玻璃框架内的量子计算机，看起来就像是一件工艺品那么精致，那么完美，充满了无限的神秘。传说中拥有"分身术"的量子计算机到底是什么呢？它跟我们现在使用的传统计算机又有什么不同？

简单来说，量子计算机就是可以实现量子计算的机器。这些机器可以利用量子力学的基本原理来进行高速运算、存储及处理量子信息。

这是什么意思呢？我们知道传统的计算机运算是二进制的，在运算时，一个数字位只有 0 和 1 两种状态，而因为量子有叠加态，所以量子计算机可以同时处于 0 和 1 的叠加态，就像薛定谔的猫那样处在即生又死的叠加态。

为什么有了叠加态以后，量子计算机就变得超级厉害了呢？因为有了叠加态，计算机就好像孙悟空一样，有了很多"分身"，这些计算机"分身"可以同时去运算，所以速度就加快了。就好比用一台计算机需要 10 年能算一个问题，如果用 10 台同样的计算机一年就能完成了，而如果用 1 000 台计算机，则几天就可以完成。

一台只有 10 个量子位的量子计算机，它将会有 2^{10} 个状态（也就是 1 024 个状态）同时存在；当量子位达到 20 时，它将会有 2^{20} 个状态（也就是 1 048 576 个

量子位

也叫量子比特。在二进制的量子计算机中，信息单位被称为量子位，它可以处在"0""1"态或"0 和 1 的叠加态"。

量子相干性

也可以说是量子状态之间的关联性。根据爱因斯坦等人提出的"EPR佯谬"，处于量子纠缠的粒子，不去观测时都处于相左和向右自旋的叠加态，但是当进行观测时，如果观测到电子处于向右自旋的状态，那么另一个电子一定处于向左自旋的状态，这对电子的状态是相关联的，这一现象就是量子相干性，这是量子计算机所需要的重要性质。

状态）。你看，量子计算机的计算速度是以指数的方式快速增加的，这也是量子计算机具有"超能力"的秘密。

科学家设想的量子计算机也跟传统计算机一样，由硬件和软件组成，硬件主要包括量子晶体管、量子存储器、量子效应器等，软件包括量子算法、量子编码等。就像量子力学经过100多年的发展，目前还处于初期阶段一样，量子计算机从20世纪80年代最初概念的提出到现在，几十年已经过去了，目前还处在实验室阶段。为什么量子计算机的研究进展得这么慢？主要是因为，量子计算机在实现过程中还有很多问题需要解决。

量子计算的"超能力"主要是因为量子叠加态和量子纠缠之类的量子相干性，但是这种相干性是非常脆弱的，稍微受到影响，就会产生"退相干"现象，让量子回到经典状态（即波函数坍缩），也就是经典计算机的 0 和 1 状态。如果在计算过程中，发生了退相干现象，那么就会导致结果出现错误。如果错误率太高，人们就不敢再用量子计算机了。

另外一方面，跟自然界其他运动过程一样，量子计算本质也是一种运动，在这个运动过程中也有噪声，这些噪音对于无比精密的量子计算来说，会影响量子比特的状态，从而造成计算错误。只要量子计算机错误概率大，就无法替代经典计算机。

看来，我们在量子计算机研制的道路上，还是任重道远，需要大家锲而不舍的努力。

小豆丁的疑惑

Q：量子算法有哪几种？

A：因为量子计算与经典计算有本质的区别，所以也需要特殊的算法。

1996 年，贝尔实验室的彼得·肖尔提出一种量子算法，通过量子计算机自

身的并行运算能力，将一个大的整数分解成若干质数的乘积。在经典算法下，大整数分解成质数的乘积需要很长的时间。根据彼得·肖尔的量子算法，利用量子计算机只需要很短的时间就能完成了。

1997 年，洛夫·格罗弗提出了另外一种算法，叫量子搜寻算法，主要是从大量没有分类的个体中，快速找到每个特定的个体。如果使用经典算法，其计算方式只能一个一个去搜寻，直到找到为止。比如，要在 200 万个盒子中寻找一个特别的玩具，平均下来需要打开 100 万个盒子才能找到；但是如果是量子计算机使用格罗弗的算法，则平均只需要 1 000 次就能找到了。

还有一种算法是量子计算公司 D-Wave 所采用的一种模拟算法，叫量子退火算法。量子退火算法是利用量子计算机的平行计算能力，还有量子的隧穿效应，将运算时间大大缩减。跟前面的算法相比，这种算法的适用范围狭窄，只能发挥某些特殊的模拟用途。

小豆丁的自力更生

小豆丁对传统计算机的了解不是很多，很多术语都不知道，对于量子计算机的了解更是少之又少。但是量子计算机是未来的趋势，所以小豆丁决定从现在开始要去积极了解量子计算机，说什么也不能落伍。在学习时，小豆丁宁可学得慢一些，也要把不明白的地方弄明白。比如说什么是十进制、二进制。

查阅资料时，小豆丁弄清楚了所谓的十进制，就是个位数字有十个，分别是 0、1、2、3、4、5、6、7、8、9，当 9 加上 1 时就变成了 10，而 10 不再是一位数，而是两位数了。只要到十就要进一位，所以就叫十进制。

而传统计算机的二进制就是只有 0 和 1 两个数，想要表示 2 的话，只能往前面的位数进一位，所以二进制中的 2 要用 10 来表示，3 要用 11 来表示，到 4 时需要再进一位，也就是 100 了。

量子处理器跟传统的 CPU 有什么区别

我们知道，传统的计算机一般是由运算器、控制器、存储器、输入设备和输出设备五大模块组成的，而 CPU（中央处理器，一般包括运算器和控制器）是传统计算机的大脑，那么量子计算机的大脑是什么呢？

我们先要肯定的是，商业化的量子计算机大致也应该由以上几个重要的部分组成。

只不过因为量子计算机存在量子叠加和量子纠缠等独特的状态，所以量子计算机的设计跟传统计算机还有不同。那

CMOS晶体管

金属－氧化物－半导体结构的晶体管简称 MOS 晶体管，它有 P 型和 N 型，各有自己的优缺点。有人将这两种型号结合起来，组成了互补型金属氧化物半导体，即 CMOS 晶体管。一般认为，CMOS 晶体管为基本电子元件，形成基本存储单元。

么作为关键部分的量子处理器（QCPU）跟传统计算机的 CPU 又有什么不同呢？

　　当我们使用传统计算机时，实际上是可以通过传统 CMOS 晶体管开关上的电压来模拟比特位，从而轻松访问计算机。量子计算机的设计也参考了传统 CMOS 晶体管的设计，不过量子计算机是利用量子比特的旋转来操作，这是跟传统计算机完全不同的地方，也是其具有巨大优势的地方，可以让量子计算机有更大的状态空间去处理问题，也就是前面提到的"分身术"。

　　当然，如果只有一个量子比特位的计算机，也是无法成为性能超级强大的量子计算机的，只有拥有多个量子比特位的处理器，并且所有的量子比特位还能够互联起来，之间能够进行信息互动，才有可能成为拥有"量子霸权"的计算机。

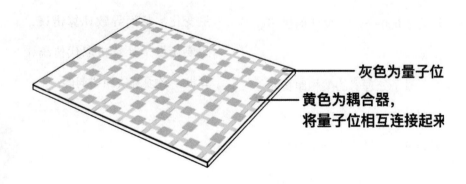

灰色为量子位

黄色为耦合器，
将量子位相互连接起来

通常，量子处理器的处理速度越强，它所拥有的量子比特就越多，可以一次性处理的信息也越多，那么由它构成的量子计算机的功能就越强大。这跟传统计算机一样，传统 CPU 越厉害，计算机的性能越好。所以，很多公司为了表示自己的量子计算机很强，通常会热衷于说自己的最新系统拥有的量子比特是多少。

就像 IBM 公司曾说，自己生产了一个 50 量子比特的计算机，谷歌公司说自己拥有 72 量子比特的计算机。不过，这也不能说谷歌公司的量子计算机就比 IBM 公司的强，因为光看数量是不够的，还要看量子比特的质量，有时拥有 50 个优质量子比特的效果，可能会好过拥有 2 000 个质量欠佳的量子比特。

量子处理器的架构跟传统 CPU 的架构也有很大的不同，因为每一个量子比特位都有属于自己的小块内存，所以它没

量子计算机纠错

量子计算的过程有"杂音"，这可能导致量子比特的状态发生变化，从而导致计算错误。想要让量子计算机取代传统计算机，必须解决纠错问题。

有大块的 CPU 缓存。这样的话，当与外界进行信息沟通时，就不会因为缓存而需要自检，从而大大降低了延迟。

不过，因为叠加态的量子比特，对周围的环境十分敏感，不可避免地会被外界发生的交互所影响，所以量子处理器现在非常"娇气"。不仅需要在低温的环境中才能正常运行，而且还不能有噪声，否则就会出错。但是计算过程不可能没有噪声，所以量子比特可能在计算中被破坏，从而出现错误。

这就要求我们要对量子计算进行纠错，然而这又需要更多的量子比特参与进行，这又会产生更多的噪声，进而可能引起更多的错误。这个难题如果不解决，量子计算机很难真正实现实用化研发。不过，有一些从事量子计算机的公司表示，他们正在努力改善量子计算机的这些问题。相信不久的将来，人们一定能克服这些问题。

小豆丁的疑惑

Q：什么是"量子霸权"？

A："量子霸权"也叫量子优势，是指可能在未来的某个时刻，功能强大的量子计算机可以完成用传统计算机根本不能完成的任务。比如，有的密码如

果要破解，可能需要几万年才能做到，但是用量子计算机则可以在几个小时就搞定了。

为什么会这样说呢？因为传统计算机遵循着"摩尔定律"，也就是平均每十八个月，计算机芯片的晶体管密度就会翻一倍，计算机的性能会提升一倍，这是指数增长的规律。但是近年来，随着晶体管的尺寸越来越小，并逐渐小到了一个物理极限，计算机的革新速度在放缓，那么摩尔定律将来也有可能失效。

而谷歌量子人工智能实验室的负责人 Hartmut Neven 认为，量子计算机的发展速度是以双指数的速度在增长。另外，量子芯片也在快速地改进。谷歌公司的量子芯片就是以指数的速度快速发展着。

量子计算机的这个发展速度是远远大于传统计算机单纯的指数增长速度的，所以总有一天，量子计算机的性能会超过传统计算机，从而形成"量子霸权"。

小豆丁的自力更生

有人说我们人类的大脑就像一台计算机，存储器是帮我们记忆的，而处理

器就是帮助我们思考的。小豆丁就想，我们大脑的基本单元是什么呢？有人说是神经元。因为神经元也会放电，当大量神经元一起放电时，我们的大脑就会向外辐射脑电波，并且我们的大脑里大概有860亿个神经元。这是多么神奇的事！

我国最新的量子计算机

如果我们说传统计算机的计算速度是"自行车"速度的话，那么量子计算机的计算速度就是"飞机"速度了。正因为量子计算机有超越传统计算机的潜力，而且在有些问题上能解决用传统计算机很难解决的问题，所以备受各国的青睐，我们国家当然也不能缺席了。不仅如此，我们国家的量子计算机还走在世界的前列。

光量子计算机

2017 年 5 月，在中国科学技术大学潘建伟教授及其同事，以及浙江大学王浩华教授研究组的共同努力下，我国成功研制出世界第一台超越早期传统计算机的光量子计算机原型机，这台量子计算机的处理器，在当时是世界上纠缠数量最多的超导量子比特处理器（现在已经出现更多的了）。

这台量子计算机是个"庞然大物"，整个身躯占了半个实验室，不过，其计算能力也跟其庞大的身躯一样强大。据报道，这台量子计算机经试验测试，其取样速度比历史上第一台电子管计算机和第一台晶体管计算机的运行速度快 10 ～ 100 倍，并且取样速度差不多是国际同行类似设备的 24 000 倍。

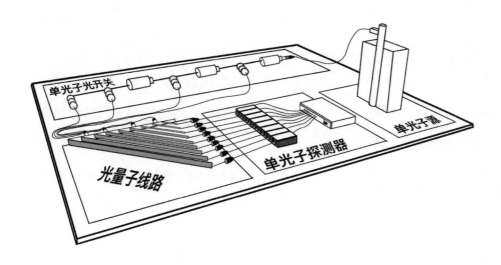

我国自主研发的这台光量子计算机主要由三个部分组成：能制备单光子的量子光源，类似于传统计算机CPU的超导量子处理器和能读取信息的探测系统。当然，这其中最关键的就是超导量子处理器了。

在这个超导处理器中，电磁波有两个不同的状态，我们将一种状态用来表示比特 0，另一种状态用来表示比特 1。在量子世界里，两种状态是叠加的，所以超导电路就处在 0 和 1 的叠加态，这就是量子比特。

对量子计算机来说，当它有 N 个量子比特，就意味着它可以有 2^N 个"分身"，这么说来，是不是只要造出更多的量子比特其计算速度就快了呢？理论上是，不过有一个前提条件： 必须是优质的量子比特。但是，量子比特数量越多，其制造的难度也就越大。这个难题还有待科学家的努力，也许，不久的将来需要正在看这本书的你去解决这个困难呢。

对于量子力学，虽然人类已经研究了一百多年，但是还没掌握其背后的秘密；对量子计算机的研制，人们也还是处于摸索阶段。目前制约量子计算机发展的因素主要有三个。

第一个因素就是量子的精度问题。举个例子，传统计算机在计算 1+1 等于几的问题上，基本上是不会出错的；但是量子计算机却有可能出错，可能运行 1 000 次 1+1 时，会出现一次错误。目前我国的科学家将量子计算机的错误率降低到了 0.01% 以下，但错误仍然有发生的概率，因此依然是很致命的问题。

　　第二个因素就是量子扩展性的问题。科学家发现，当量子计算机的量子位越高，整体运算的精度却越低。但是想要让量子计算机的运算速度提高，只有增加量子位；这就意味着速度上去了，错误率却增大了。这样的速度又有什么意义呢？所以，目前很多国家都只能将自己的量子计算机保持在 20 个量子位左右。因为量子位再增加，错误就会相应增加，量子计算机也就不具备实用价值了。

　　第三个因素就是，因为各量子之间会相互影响，这样量子数据在极短的时间内会被"损坏"，所以使用量子计算机时，必须要在数据损坏之前完成计算，并将计算结果导出。

　　当然，想要让量子计算机能稳定运行还有很多其他问题需要克服，所以潘建伟教授说，希望能通过 10 ～ 20 年的努力，真正研究出一台具有应用价值的、比较普遍的、能够稳定运行的专用量子计算机。

　　看来想要用上真正的量子计算机，我们还需要走很长的路。

小豆丁的疑惑

Q：我国的量子计算是怎么发展起来的呢？

A：虽然目前我国的量子计算还是以理论为主，参与者主要以科研机构和高校为主，但是我国的研究发展迅速。近几年阿里巴巴、华为、百度等科技巨头也加大了在量子计算领域的投入。

2013 年，潘建伟教授带领团队，首次用量子计算机求解线性方程组取得了成功。2017 年，我国多单位、机构合作，研发出世界第一台超越早期传统计算机的光量子计算机；2018 年，郭光灿院士团队宣布，成功研制出一套精简、高效的量子计算机控制系统。2019 年，中国科技大学潘建伟超导量子实验团队，联合中国科学院物理研究所范桁理论小组，在一个集成了 24 个量子比特的超导量子处理器上，通过了对超过 20 个超导量子比特的高精度相干调控。

小豆丁的自力更生

小豆丁得知潘建伟教授刚开始接触量子力学时根本弄不明白后很吃惊，这怎么可能？在量子学界赫赫有名的人，刚开始接触这个理论时居然也会犯迷糊？！

不要怀疑，很多人刚开始接触量子力学时都很迷惑。量子力学的创始人之一玻尔曾经说过：如果谁学了量子力学后不觉得奇怪，不迷惑的话，那就是根本没弄懂。

潘建伟教授开始时就是觉得量子世界太奇怪了，才深入研究下去的，结果一研究就被量子力学的魅力所俘获。

随着知识的不断增加，潘建伟教授发现，量子力学在未来有很重要的作用，于是便开启了自己的"量子之路"，这一走就是几十年。

为什么像潘建伟教授这样的科学家能取得这样耀眼的成绩呢？小豆丁想，这应该跟他们长期的坚持有关，他们能几十年如一日地坚持自己当初的决定，保持初心，不断前进，才有了现在的成就。

小豆丁决定，自己除了要学习前辈们留下的知识外，还要学习前辈们执着的精神，只有这样才能做出一番成绩。

假如量子计算机已经普及

前面已经讲到，量子计算机拥有超强的计算能力，正是因为其这一能力，让量子计算机在一些行业，比如天气预报、网络安全、医疗保健、金融服务、农业、人工智能等领域都有广阔的应用前景。

一、天气精准预报

精准的天气预报在很多领域都起着至关重要的的作用，对于那些给人类带来巨大灾难的天气，如果能提前预知，将会大大减少人们的生命财产损失。但是，因为天气的变化太快，并且变量很多，如果仅仅依靠传统计算机去分析，很难做到精准。

但量子计算机不同，它可以将所有数据一次性分析完毕。量子计算机可以帮助我们建立更好的气候模型，从而让我们能深入了解人类的行为是如何影响环境的。这些气候模型还可以让我们知道，现在需要采取什么措施，才能预防未来灾难的发生；这些气候模型还可以精准地预测一些极端天气，比如飓风、龙卷风等将会在什么时候、什么地点出现等，从而让人们做好防范。

二、医疗方面

　　每一种新药的研发过程都是非常复杂的，期间要对无数个多组分子组合进行测试，才能找到有用的分子组合。如果有了量子计算机后，就可以来加快比较不同药物对一系列疾病的相互作用和影响过程，从而快速确定最佳药物配比。这显著缩短了药物的研发时间，降低了研发成本，让一些患者带来希望。

　　现代大数据下的精准医疗，产生了海量的数据运算，但是传统的计算机已经无法胜任这项任务，而量子计算机却可以轻易解决这些难题，到那时，量子计算跟人工智能相结合,将会产生一些意想不到的飞跃。比如在基因组测序方面,可以利用量子计算机缩短测序过程,让我们能更加了解人类的基因组成,从而发现一些未知疾病的发病模式。

三、宇宙探索方面

等有了量子计算机后,我们就可以对宇宙的膨胀速度、恒星的运行轨迹、超远距离恒星之间的波动干扰方程展开计算。那时我们对神秘的宇宙,就会有更加深入的认识。

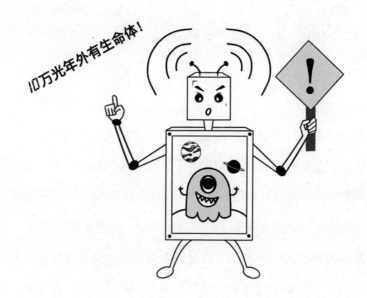

量子计算机还有其他很多奇妙的用处，但是因为现在量子计算机还没有通用化，所以它到底能给人类带来什么样翻天覆地的变化，我们还不是很清楚。这就像当年传统计算机刚诞生时一样，那时的人们也没有想到它将会给人类带来如今这样巨大的变化。

小豆丁的疑惑

Q：你知道中国的光量子计算机模型机"九章"吗？

A：2020 年底，中国科学技术大学潘建伟、陆朝阳等组成的研究团队跟其他研究所合作，构建了一台具有 76 个光子、100 个模式的量子计算机模型机——"九章"。

"九章"处理"高斯玻色取样"的速度如何呢？其速度是目前世界上最快的超级计算机"富岳"的一百万亿倍。这到底有多快呢？如果一项任务需要超级计算机一亿年才能完成，那么用量子计算机"九章"只需一分钟。

小豆丁的自力更生

　　看到量子计算机有这么多应用后，小豆丁很兴奋。不过通过一些了解，小豆丁知道，虽然目前我国量子计算机处在世界前列，但主要偏向于硬件，软件涉及的不多，要想让我国保持"量子优越性"，还需要我们不断的努力。

04 无敌的量子通信

伴随着科技的发展，人们的通信越来越便捷，但通信安全问题也受到挑战，通信安全问题该如何解决？

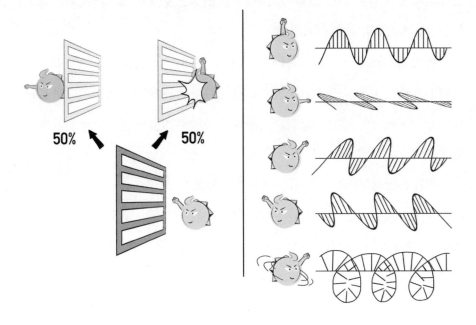

量子密码绝对安全吗

为了将一些重要的信息安全地传递出去，人们想尽了一切办法对它们进行加密，以此来保证信息的安全传递。在这一过程中，产生了一些术语，比如：人们将需要进行加密处理的文件称为明文；将加密处理后的文件称为密文；把文件从明文变为密文的过程叫加密过程；把从密文变成明文的过程叫解密；将加密和解密时都用的规则叫密钥。

虽然人们想尽一切办法对信息"加密"，但是总会出现一些"高手"找到解密的办法。因为从理论上来说，传统的数学计算加密方法都可以被破译。并且随着计算机计算能力的提高，之前很难被破解的密码也可以很容易就被破解出来。

为什么会这样呢？我们用一个小例子来说明。

例如，我们设置一个由数字构成的 2 位数的密码，那么，这个密码的个位数有 10 种可能，十位数有 10 种可能，合起来这个密码有 $10 \times 10 = 100$ 种可能，也就是说只要耐心试 100 次，一定能够将密码破解出来。这个方式叫做暴力破解。

　　对付暴力破解的方式就是增加密码位数，并将字母、符号都引入进来，让暴力破解次数达到天文数字，这样通过人工便很难运算出来了。但有了计算机，一切都不一样了，计算机每秒可以运算上亿次，那么只需要针对密码编辑一个破解运算程序，那么简单的密码就会瞬间被破解了。

　　当然，这只是一个最简单密码的例子，现实中的破解密码要更复杂得多，但无论如何，计算机确实给破解密码带来了便利，同时也给密码保护增加了难题。

当今社会，信息安全变得尤为重要，尤其是互联网技术的快速发展，让人们对信息的安全性要求达到了空前的高度。

一些不法分子可以通过无线连接网络的开放和共享，随意窃听和窃取我们的信息；他们还可以利用自己高超的黑客技术，将自己伪装成"合法者"，随时进入别人的网络资源中心，肆意妄为；更有甚者，还会直接进入无线通信系统，盗取、随意修改他人的数据，并散布虚假信息进行诈骗，让很多人损失惨重。

　　那么有没有"绝对安全"的通信呢？当量子通信诞生后，人们看到了一线希望。量子通信既具有量子的特性，又具有信息学的功能，是集绝对保密、通信容量大、传输速度快等优点于一身的"超人"，具备可以完成传统通信无法完成的"特异功能"。

　　量子通信，是指将需要传递的信息编码在量子比特上，然后通过量子通道将量子比特从甲方传递给乙方，直接实现信息的传递。不过这种真正的"量子通信"目前还处在研究阶段，距实际应用还有很长的距离。

　　目前的量子通信主要指，在信息的加密以及密码的传递方式上是量子的，但具体通信方式上仍然是传统的。也就是说，通过量子通道产生和分发量子密钥，而后用量子密钥加密后的真实信息的传递还需要借助传统通道。

　　信息论的创始人香农曾证明了一个数学定理：如果密钥满足三个条件，那么就能实现"绝对安全"的通信。这三个条件就是：

　　（1）密钥是一连串随机的字符串；

　　（2）密钥的长度跟明文一样长，或者更长；

　　（3）做到"一次一密"，也就是每传递一次密文就更换一次密钥。

　　在量子通信还没出现之前，想要做到这三点太难了。因为"一次一密"意味着甲乙双方需要大量的"密钥"，也就是说他们要经常更换密码本，但是密

码本的传递（俗称"密钥分发"）是不安全的，用这样无法保证绝对安全的密码本来加密信息也是不安全的。

但是有了量子密码以后，就可以让甲乙双方直接共享密钥。这串随机产生的字符串被用来当做密钥，它的长度可以任意长，并且每次传输信息时都重新产生一串密钥，完全达到了香农所说的三个要求。

所以从理论上来说，用量子密钥加密后的密文是"绝对安全"的。并且，因为量子的不可克隆性、不确定性等特点，那些想要偷取密钥的行为都会被发现，这是传统的密钥分发所不具备的优势。一般来说，传统的信息传递很难发现偷听者，有时因为没有及时发现偷听者，而遭到惨痛的损失。而量子通信只要有人来偷听，就能被发现，从而可以把之前传递的信息都作废不用，让不法分子无法下手。

不过实际上，虽然量子密码听起来很安全，但因为传输的损耗、器件的不完善等漏洞存在，也可能出现窃听者盗取密钥没有被发现的情况。所以所谓的"绝对安全"也只是理论上的，实际中也只是"相对安全"而已。

小豆丁的疑惑

Q：量子密码跟量子秘钥有什么区别？量子密码就是量子通信吗？

A：量子密码是 20 世纪 80 年代提出的，一种以量子物理为基础的通信技能，也可理解为利用量子特性来完成安全通信的一种方法。

量子密钥是利用量子的不确定性原理制造的一种加密规则。两者是不同的概念，使用量子密码中会涉及量子密钥。

当量子力学遇到信息科学后，就产生了量子信息学，根据研究内容的不同又分成了量子通信和量子计算。

小豆丁的自力更生

本着有疑惑就要一查到底的习惯，小豆丁又看了很多的书，不仅让爸爸买了一些量子通信方面的书籍，还在网上查看了量子通信的最新动态。虽然大多数时候看不明白，但是小豆丁没有轻易放弃，对不明白的东西，小豆丁就再去

查询并咨询自己的老师。

小豆丁发现，其实，很多东西的发明都是源于人们对生活的仔细观察和深入思考，比如量子密码学就是。

20 世纪 60 年代，美国一位叫威斯纳的科学家，在了解到"量子不可克隆"这个定理后，就想着能不能将这个技术应用到钞票上。如果能制造出这样无法复制的"量子钞票"，那么不就可以防止假钞骗人了吗？

不过当时他的理论太超前了，想要实现"量子钞票"需要长时间保存单量子态，这根本就是不现实的，所以当时几乎没人认同他的理论，除了他的好朋友本·奈特。

后来本奈特又结识了布拉萨德（曾提出"相对密码学"），他对"量子钞票"非常感兴趣。经过激烈地讨论，他们一致认为虽然"量子钞票"目前还不可行，但是可以将"量子"与"密码学"结合起来。

说干就干，他们立即行动起来。1982 年，本奈特和布拉萨德提出了一个崭新的理论——"量子密码学"。经过研究，1984 年，本奈特和布拉萨德又提出了著名的量子密钥分配协议，也就是"BB84 方案"，至此，"量子密码学"问世了。

　　因为量子力学中的"测不准原理"和"不可克隆定律"，可以保证密钥的安全。几年以后，他们在实验室里成功地将一系列光子从一台计算机传送到相距 32 厘米远的另一台计算机上，真正地实现了世界上最安全的密钥传送。

量子密钥分发

之前想要将信息安全地传递出去，主要依靠某些复杂的数学算法，现在我们可以借助量子力学的一些原理（比如量子的不可克隆性、量子的不确定原理等）安全地传递信息。比如，保证信息安全的核心——密钥，我们可以通过量子通道产生和分发，这样我们就能得到一个更加安全的量子密钥，用量子密钥来加密和解密信息就能保证信息的安全性。

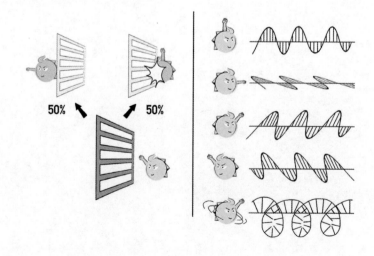

为什么量子密钥更安全呢？因为量子密钥是一串随机的字符串，其长度可以随意设定，而且能做到"一次一密"，完全符合香农"绝对安全"的三个要求，所以更安全。

所谓的量子密钥分发，就是利用量子力学的特性来保证通信的安全性，通过量子密钥分发，可以让不同地方的人共享相对安全的密钥。

假设 A 地的小甲想把非常重要的信息传递给 B 地的小乙，为了保证信息的安全性，他们决定采用量子通信。小甲通过量子通道，先将量子密钥分发给小乙，两人通过若干次核对，并确认没被别人窃听后，小甲再将加密后的信息通过传统通道传递给小乙（这个过程有可能会被窃听，但是因为没有密钥，所以也没有价值），这时小乙用之前收到的、没有被窃听的量子密钥进行解密，这样就保证了信息传递的安全性。

当小甲需要发送量子密钥时，就随机向小乙发出一个光子。我们知道光子就是一个典型的量子，虽然发射出的光子

检　偏　器

检偏器是由偏振片（将天然光变成偏正光的光学元件）组合而成，用它来检测某一束光的偏振态。

方向不可控，但是我们可以通过光学偏振滤镜让只有水平、竖直、斜上或斜下的光子通过，并且我们事先约定好，用 0、1 代表不同的方向，比如用"0"代表光子的水平偏振，用"1"代表光子的垂直偏振，这样小甲就得到一个随机数。

小乙接受到小甲发来的这个光子后，用检偏器测量光子的偏振态（即 0 或 1），也得到一个随机数。如果小乙检偏器的类型跟小甲发射光子的偏振态一样，那么小乙测出的随机数就跟小甲发送的随机数相同，否则，就不同。

小甲接连发来若干光子，得到一组随机数，假设是 110101；小乙也收到若干光子，也得到一组随机，是 011110。

然后，小乙通过传统通道将自己取得的随机数和所采用的检测器类型都告诉小甲，小甲对双方结果进行对比，便知道了哪些光子被小乙正确检测出了。比如上面双发的随机数，"110101"和"011110"只有第二位跟第四位是一样的，于是小甲就告诉小乙方仅留下第二位和第四位作为密钥，其他的都舍弃。

这样小甲和小乙就拥有完全一致的 0，1 随机数序列。从而保证了"一次一密"的随机数列，保证了通信的安全。

量子密钥分发有一个独特的性质，就是有人想要窃听时，量子的状态就会发生改变，这样我们就能发现窃听行为，那么这段密码也就不能用了。如果一直有人窃听，密码只能一直废弃，那么是不是意味着密钥永远都无法传输呢？

其实不管是传统通信还是量子通信，干扰一直都存在，并且传统通信的抗干扰能力也不比量子通信好。只不过传统通信因为窃听也不会被发现，所以对方根本不想干扰你，这样他还能多偷听一些信息。

如果干扰一直存在，那么量子通信肯定无法继续传输，但是其他通信模式一样也无法传送信息。如果窃听者能力强大，控制了整个网络，那么无论是量子通信还是传统通信都无法安全传送信息。

不过，大家也不用担心，量子通信在设计时肯定考虑了这些情况，并有相应的对策，当发现干扰时，我们的相关部门肯定会采取一些行动的。

小豆丁的疑惑

Q：总是听到有人说"京沪干线"，好像跟量子通信有关，它到底是什么意思呢？它跟"墨子号"量子卫星又是什么关系？

A：2016 年 8 月，我国"墨子号"量子卫星上天了，这开启了量子保密通信关键的一步。不过这个卫星不在同步轨道上，所以不能一天

24 小时为我们服务，于是我们国家就在 2017 年建立了"京沪干线"地面量子通信系统，这是世界上首条全长 2 000 千米级别，并且能够实现"天地一体化"的量子通信系统。

"京沪干线"是通过上网用的光纤将量子通信收发装置连接起来，极大地提高了通信的安全性。"京沪干线"的建成，标志着我国在信息安全方面已经达到了世界领先的水平。

"京沪干线"和"墨子号"量子卫星，其实都是实现远距离量子通信的发放，只是两者的技术线路不同而已，就像高铁和飞机都是远距离交通的两条技术路线。

量子实验卫星的发射和量子通信京沪干线的建立，展示了我国在量子信息技术的实力。

小豆丁的自力更生

看到我国的量子信息技术走在世界的前列，小豆丁很开心。因为当量子计算机真的生产出来后，我们国家的信息安全将面临严峻的考验。

小豆丁心想，科学家给我们打下了一个好的基础，我们这一代一定要继续

努力，争取在各项高科技前面不落后。想要完成这个目标，我们从小就要打下坚实的基础，并且养成良好的自学能力，多学习一些先进的科学技术知识。

想到这里，小豆丁拿出纸和笔，开始计划以后每个星期都要读完一本书。

量子隐形传态

说起科幻电影或科幻小说中的"量子传送"，很多人都知道，其实就是将人从一个地方瞬间传送到另一个地方的"黑科技"。这个黑科技的学名就是量子隐形传态。

前面讲过，处在纠缠态下的两个或者多个粒子，无论它们相距多远，如果其中的一个状态发生变化，那么另一个同时也会发生相应的状态变化。

1993 年，美国物理学家贝内特等人发现，可以利用纠缠粒子的这种性质来传递信息，于是提出了"量子隐形传态"的概念。意思就是把一对相互纠缠的粒子分别放在甲、乙两地，然后将甲地粒子的所有物理特性信息，通过传统通道和量子通道，发送给乙地的粒子，这样当乙地的粒子接受到这些信息后，就变成了甲地粒子的复制品。于是甲地粒子的信息就传递到乙地粒子身上。

这个信息传送的过程，传送的不是粒子本身，而是粒子的量子状态，并且量子传送过程还需要借助其他粒子。所以真正的量子传送并不像科幻作品中所描述的那样，可以凭空把一个人或物体从一个地方传送到另一个地方。

　　比如，想要将甲地粒子 X 的量子状态，传递到乙地的粒子 B 上，在传送之前，首先要借助 A 粒子，让 A 粒子和 B 粒子形成量子纠缠的状态。然后让甲地粒子 X 与 A 相互作用，并且甲地的科学家必须对 X 和 A 进行观测，看看它们进入什么状态，然后将观测到的结果通过电话或邮件等传统方式告诉乙地的科学家。

　　因为 A 和 B 是相互纠缠的，所以 A 的任何变化都会让 B 也发生相应的变化，所以当乙地的科学家通过传统通道了解到 X 和 A 的状态信息后，就知道 B 接收

121

到 X 的特征时会发生哪些变化，于是就可以对 B 做有针对性的变换处理，从而将 B 变成跟 X 完全一样的量子状态，于是 X 的一些量子状态就传递到乙地的 B 身上。

因为整个传送过程中，存在目前还无法被观测到的某种联系，所以叫"隐形传态"。并且传送结束后，原来的粒子也不再是原来的量子态，而是变成了新的量子态。

1997 年，奥地利的 Zeilinger（塞林格）小组首次实现了量子隐形传态的室内实验，不过这次实验只能传输单个自由度的量子状态。2004 年，Zeilinger 小组又利用多瑙河河底的光纤通道，实现了 600 米的量子隐形传态实验。

2005 年，我国的潘建伟教授及其小组在合肥创造了 13 公里的双向量子纠缠分发世界纪录，并且验证了外层空间与地球之间分发纠缠光子的可能性。2009 年，我国实现了世界上最远距离的量子隐形传态，并验证了量子隐形传态过程穿越大气层的可能性。

2015 年，我国的研究小组首次在国际上实现了多自由度量子体系的隐形传态，这是自 1997 年以来量子信息实验领域取得的又一重大突破。

2017 年，我国发射的世界首颗量子科学实验卫星"墨子号"，完成了千公里级的地星量子隐形传态实验，其研究成果分别发表在国际权威学术期刊《科学》

和《自然》杂志上，引起了广泛的关注。

2019 年，潘建伟研究小组和奥地利研究小组合作，在国际上首次实现了高纬度量子体系隐形传态。

不要小看量子隐形传态实验，它是实现全球量子通信网络的可行性的前提研究，它有着重要的作用。

比如在量子信息传递的安全性方面，通过状态的改变可以发现是否有人偷听；随着量子技术的进一步发展，我们可以将一组数据信息"安全地"传送到远方另一台量子计算机的内存上，然后在那台量子计算机上进行相关的计算；再比如，我们还可以将一对纠缠粒子的量子状态，分别传送到相距甚远的两个不同粒子身上，从而让这两个遥远的粒子不用接触就可以发生量子纠缠。

所有的这些都将给我们的生活带来巨大的改变。

小豆丁的疑惑

Q：将来用量子隐形传态技术，可以将人从一个地方传送到另外一个地方吗？

A：想要将人瞬间成功传递到另外一个地方，首先要将人的每个粒子状态

都精确复制下来，否则传送过去后就会不一样，可能有的地方多点东西，有的地方少点东西，又或者直接就是一堆"零件"。

而想要精确复制每个粒子，必须要先对粒子进行测量，根据海森堡的测不准原理，只要测量就会改变粒子的量子状态，这也意味着我们不可能在不破坏原来粒子的状态下，制造出一个完美的复制品。

我们知道，在量子隐形传态中，需要传送信息的粒子 X 的量子状态已经被摧毁了。这意味着，假如以后量子隐形传态发展到可以传送人的时候，那么要传送的人也会被摧毁。比如，你想把自己从北京传送到武汉去，那么北京的你首先要被摧毁，然后在武汉复制出一个你。只是这个复制的你，还是真正的你吗？！

小豆丁的自力更生

小豆丁在查阅资料的时候发现，我国的量子隐形传态能取得如此傲人的成绩，与潘建伟教授有很大的关系，几乎最近 20 年我国在这方面取得的成果背后

都有他的身影。

通过了解，小豆丁发现那些伟大的科学家之所以取得了惊人的成绩，跟他们的执着是分不开的。

潘建伟在中国科学技术大学近代物理系读书时，成绩并非名列前茅，但是他从来没有气馁，凭着自己的执着与努力，最后以优异的成绩取得了硕士学位。后来经导师的推荐，又到奥地利维也纳大学塞林格教授门下，攻读博士学位。

当时塞林格教授问他的梦想是什么时，潘建伟坚定地回答道：将来要在中国建设一个世界一流的量子物理实验室。

刚到维也纳大学不久，他自己独立思考出等价于量子态隐形传输的理论方案，只是后来才知道，几年之前这个理论已经被别人提出过了。从那时开始，他就明白科研创新一定不能闭门造车，一定要融入国际学术中。

为了能够尽快掌握前沿的量子力学知识，他几乎每天都泡在实验室里。经过一年多的艰苦奋斗，1999 年，他和同事一起完成了国际上首次实现光子的量子隐形传态。英国物理学会将其评为世界物理学年度十大进展之一，美国《科学》

杂志将其列为年度全球十大科技进展。后来，他和同事又陆续完成了其他一些突破，他也成为世界量子信息学领域的佼佼者。

2001 年，潘建伟教授毅然放弃了国外的良好条件，选择了回国，开始建立自己梦想中的量子物理与量子信息实验室。

看到这些，小豆丁心潮澎湃，原来每个人的成功都是努力和汗水换来的，只有专注于某一方面，不懈的努力，才能成功。

量子实验卫星"墨子号"

2016 年 8 月，我国在酒泉成功发射了世界首颗量子科学实验卫星"墨子号"。之所以叫"墨子号"，是为了纪念最早通过小孔成像发现了光是沿直线传播的，我国古代科学家墨子。

此次"墨子号"主要有 3 个任务：

（1）借助卫星平台，开展星地间高速量子密钥分发实验（也就是量子保密通信）；

（2）在空间尺度进行量子纠缠分发和开展地星量子隐形传态实验；

（3）在 1 200 千米的距离上，检测贝尔不等式。

为了完成这些任务，科学家在"墨子号"上搭载了我国自主研发的"四种武器"：量子密钥通信机、量子纠缠发射机、量子纠缠源和量子试验控制与处理机。同时，还在地面修建了相应的科学应用系统：合肥量子科学实验中心；新疆南山、青海德令哈、河北兴隆、云南丽江量子通信地面站；西藏阿里量子隐形传态实验平台。

对于"墨子号"的作用，用潘建伟教授的话来形容就是：如果把地面上构建的量子通信设备，比喻成一张"网"的话，那么量子科学实验卫星，就像这张网射向太空的"标枪"，从而织成一张量子通信的"天地网"，保卫了信息的安全。

因为传统的信息安全主要依赖于复杂的算法，随着计算能力的提高，再复杂的保密算法总有被攻克的一天。而量子因为具备不同于宏观物理世界的奇妙特性，比如量子纠缠、不可分割、不可克隆等特性，即使计算能力再强大也破解不了，所以可以做到"绝对安全"。

可能有人会问：我们通过在地面构建量子通信网络，不也可以做到安全通信吗？为什么还要量子卫星呢？这是因为地面量子通信网络是通过光纤构建的，携带量子信息的光子在光纤中传播的损耗特别大，传播 100km 后，大约只有 1‰ 的信号达到接收站，这样的效率对于远距离传播是远远不够的。但是，光子穿越整个大气层后却可以保留 80% 左右，这样再利用卫星作为中转站，即便相距千里的两地也能实现量子保密通信。

当午夜来临（白天太阳光太强，干扰太大），量子实验卫星快速经过北京上空时，要飞快地将密钥发送到北京兴隆站和新疆南山站的接收器中。这个过程就像从天上向下撒豆子，并且还要将豆子准确投入小瓶子中，可想而知这个难度不是一般的大。然后地面上的工作人员将接收到的光子进行各种测量，进

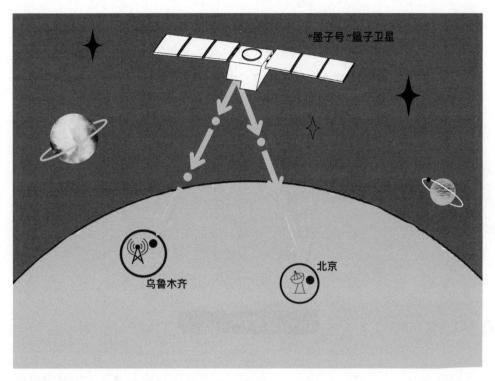

而约定密码。最终通过量子卫星的中转之后，让相距 2 500 km 的北京和新疆实现了安全的量子保密通信。

　　因为是在卫星上做量子试验，不同于地面上的试验，卫星的有效载荷是有限的，所以对试验设备的要求也非常苛刻，不仅要把体积做小，还要让它们能满足空间特殊环境的要求。

想要让飞行中的量子卫星，分别瞄准两个相距千里的地面站，还要准确地将量子密钥，传送到地面的接收器中，这就好比要把卫星上的"针尖"对上地面上的"麦芒"一样难。不过，我国的科学家都将这些难题一一攻克，最终让"墨子号"的任务都得以顺利完成。

当然了，"墨子号"只是第一步，以后还会发射"墨子二号""墨子三号"等，最终让地面的通信干线与量子卫星连接起来，实现"天地一体"的量子通信网。

到 2030 年左右，我国将争取建成全球化的量子保密通信网络，并在此基础上构建充分安全的"量子互联网"，形成一条完整的量子通信产业链和国家主权信息安全生态系统。

小豆丁的疑惑

Q："墨子号"是怎样把光子从高空精准投进接收器的？

A：为了完成量子密钥分发的试验，"墨子号"在快速飞行的时候，需要在高空中向地面的接受站发送光子。"墨子号"通过单光子发射器随机地发射一个个的光子，每个光子只携带一个量子比特。

　　在这个过程中，有的光子因为方向跑偏了就无法被地面接收器接受到；有

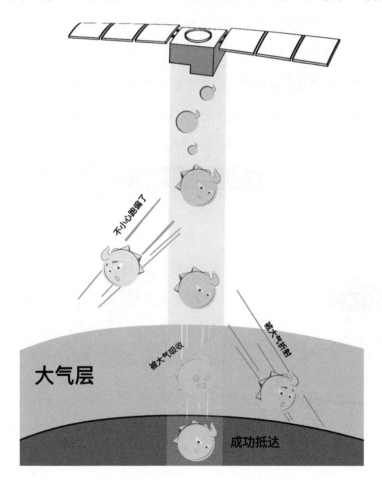

的光子会被大气层折射，也无法达到接受器；还有的光子会被大气层吸收，也无法达到地面接收器。最后剩下的光子，即便到达了地面，还要准确落入地面接收器的望远镜中才能被观察。科学家根据量子密钥分发的规则，挑选出一部分光子作为真正的量子密钥。

为了让卫星上的光子跟地面上的接受器准确地实现对接，地面接收器会发出信标光（就是互相发射激光）进行定位，校准方向，实现准确地对接。

小豆丁的自力更生

对我国的"墨子号"量子实验卫星，小豆丁非常自豪。

其实之所以叫"墨子号"，潘建伟教授说，就是想要用我国的"科圣"——墨子，来提醒大家，我们中国人也可以做好科学，过去有，现在有，将来也有更多。

看到这里，小豆丁下定决心一定要好好学习量子力学，将来用自己的知识报效祖国。

什么是"京沪干线"

2017 年 9 月，世界首条量子保密通信干线——我国的"京沪干线"正式开通，这是继"墨子号"升空以后，量子科技领域的又一个重大进步。其实，"京沪干线"和"墨子号"都是量子信息里的研究成果，前者是地面的量子通信，后者是天空中的量子通信，二者都是实现远距离保密通信的一种手段。

"京沪干线"是世界首条全程达 2 000 多公里的量子通信网络。它连接了北京、上海，贯穿济南和合肥，并且通过北京的接入点跟"墨子号"连接起来，形成了"天地一体化"的量子保密通信网络。

"京沪干线"全线有 32 个中继站，加密数据传输能力达 10 bit/s，可满足上万用户的密钥分发业务需求，已实现了在北京、上海、济南、合肥、乌鲁木齐南山地面站和奥地利科学院这 6 点之间进行的洲际量子视屏会议。

其实，"京沪干线"的建造方法看起来简单，就是通过光纤将量子通信收发装置连接起来。不过，前面我们说过光纤对光子的损耗很大，所以对于远距离的通信，中间还需要每隔一段距离建立一个可信的中继站。通过中继站，让量子密钥继续传递下去。而难点就在中继站的信息传递上。

中继站的工作原理又是什么呢？如果我们将需要传递信息的两地中间设上一串节点，把这些节点计做 1 号，2 号，3 号，…，n 号。首先要在 1 号和 2 号间建立量子通信，这样就会产生一个密钥 K_1，然后在 2 号节点和 3 号节点之间建立量子通信，也产生一个量子密钥 K_2。于是 2 号节点就把 K_1 当作待传明文，用 K_2 对它进行加密，传给 3 号。然后，3 号用同样的方法将 K_1 传输给 4 号……一路将 K_1 传输给 n 号。最后 1 号把需要传输的信息用 K_1 加密，用任意的方式（传统通信就行）传递给 n 号，于是就完成了信息的传递。

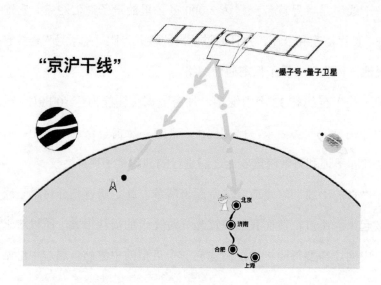

"京沪干线"

"墨子号"量子卫星

北京

济南

合肥

上海

可能有人会问，用上中继站，如果非法者攻破了中继站，那么是不是就可以窃取密钥？信息传递是不是就不安全了呢？答案是肯定的。不过跟传统通信处处都可能被窃听相比，这种量子通信只需要严防在中继站被窃听就可以，其通信的安全性得到了很大的提高。

当京沪干线与"墨子号"完美对接以后，意味着我国"天地一体化"广域量子通信网络已经初步形成。以后将会在其基础上，实现量子通信在金融、政务、国防、电子信息等领域的应用，构建一个基于量子通信安全保障的量子互联网。

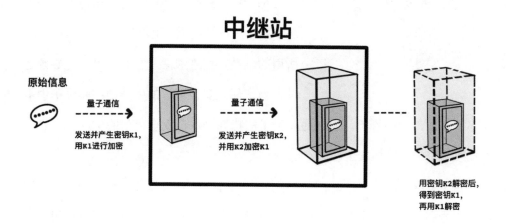

量子实验卫星的发射和量子通信"京沪干线"的建立，标志着我国正成为下一代信息技术的"领跑者"，一场关于量子通信应用的变革正在上演，这次我们国家也是参与者。

小豆丁的疑惑

Q："量子中继站"和"京沪干线"中的中继站有什么区别？

A：量子密码学中的中继站分为可信中继站和量子中继站两类。上面说到的"京沪干线"所用的就是可信中继站，它的意思就是必须通过人力来保证安全可信的中继站；而量子中继站，不需要外力的维护，而是通过量子的特性来保证安全可信的中继站，它当然比可信中继站更加安全可信。

量子中继站是在1号、2号、3号……各个节点间分享"纠缠量子对"，比如在1号和2号之间分享一个纠缠量子对，在2号和3号之间分享一个纠缠量子对，通过纠缠交换，让1号和3号建立纠缠对。然后通过量子密码学中的协议，让 1 号和 3 号之间产生一个共享密钥，从而实现远距离的量子信息保密传递。

　　跟"京沪干线"的可信中继站相比，量子中继站是不用严防的，因为中间的节点根本不知道密钥到底是什么，这样更能保证信息传递的安全可信。

　　既然量子中继站这样好，为什么京沪干线没有用呢？因为目前的技术还没达到。

小豆丁的自力更生

　　通过学习，小豆丁终于明白了传统保密通信和量子保密通信之间的区别。比如，小豆丁想告诉好朋友豆包一个小秘密，不想让第三者知道。不过他们的同学土豆，总是想方设法偷听他们之间的谈话，还不想让他们知道他偷听了。

　　如果根本不让土豆知道他和豆包在说话，那么土豆就不会来偷听了，这样小豆丁想怎么说就怎么说了。但是，土豆就像牛皮糖似的，根本就甩不掉，那么应该怎么办呢？

　　这时可以有两种办法。

第一种就是，小豆丁和豆包都会德语，但是土豆却不会。这时小豆丁可以当着土豆的面，用德语跟豆包直接说，土豆即使听到了也不知道他们说的是什么。这就是传统的信息加密，就是让偷听者听到了也白听，这种方法不太保险，万一土豆也会德语，或者他能找到会德语的人帮忙呢？

第二种就是，让土豆根本听不到他们之间的谈话，只要土豆一偷听就能被发现，然后立即告诉老师，并且之前说的内容全部作废。这就是量子通信。

第一种方法依靠的是数学基础，不过未来量子计算机出来后将面临极大的危险；第二种方法依赖的是量子物理，这种方法也有自己的局限，虽然理论上是绝对安全的，但在实际中会不会还这样绝对，还有待验证。

05 现实生活中的量子技术

如果我们真的进入量子时代，我们的生活将
会是什么样的呢？

量子计算机完胜传统计算机

我们身边的量子技术——半导体

　　有人可能觉得量子技术离我们的生活还很遥远。其实不然，量子技术的应用就在我们身边，可能此刻正被你拿在手里，没错，你手里的智能手机就是量子力学的一个产物。我们手里拿的手机，平时看的电视，还有用的电脑，它们最重要的元件是用半导体做的，而半导体是量子力学的一个应用。

　　为什么说半导体是量子力学的一个应用呢？因为人类早在 19 世纪就发现了半导体，只是当时不明白它为什么会有这奇怪的特性，直到量子力学建立起来后，人们从量子理论出发才成功解释了导体、绝缘体和半导体导电性的不同，进而揭开了半导体材料中电子的运动规律，并发明了二极管、三极管，才有了现在造福人类的半导体工业。

　　我们知道，原子中有电子，在一定条件下，有的电子会摆脱掉原子核的束缚，在材料中自由运动，从而可以形成电流。不过，不是在所有的材料中都能形成电流。有的材料对电子的阻碍小，能形成了电流，这种材料就叫导体。比如，绝大多数金属材料就是导体，如金、铁、铜等。有的材料阻碍很大，电子根本"跑不动"，这种材料就叫绝缘体，如橡胶、陶瓷等。

　　还有一种很特殊的材料，当外部的条件发生变化，比如温度、光照发生变化时，其材料内对电流的阻碍也随之变化，这就是半导体，如硅、锗等材料。于是人们就利用半导体的这种特殊性质，做出了一些有用的电子元件，比如二极管、三极管等晶体管。

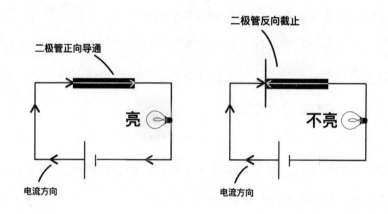

　　我们如果在一个方向上对二极管加上电压，就会产生电流；如果换一个方向再施加电压，却不会产生电流。我们可以利用二极管这个单向导电性能，做指示灯、稳压等。

　　当然二极管还可以用来产生、控制、接收、变换、放大信号和进行能量转换等。

像发光二极管，可以作为指示灯用，比如我们电脑键盘上的指示灯，还有充电器的指示灯等；此外，LED 灯也是发光二极管，是一种将电能转化为可见光的固态半导体器件。

还有三极管，它有三个接口，既具有电流放大的作用，也能充当开关。它是由贝尔实验室的肖克利等三位物理学家共同发明的，他们还因此获得了诺贝尔物理学奖，从这可以看出三极管发明的重要性。

为了将晶体管进行商业化，肖克利辞去了贝尔实验室的工作，跑到了现在被称为硅谷的地方进行创业。因为晶体管有着非常广阔的商业前景，所以很多青年才俊都跑来跟肖克利一起创业。

虽然肖克利是个科研天才，但是却太过自信，从不听取他人的意见，并且管理企业的能力也很低。新公司成立几年后，他想要的那种里程碑式的晶体管都没生产出来，公司却已经到了要破产的地步。

其合伙人劝他放弃对完美的追求，先做一些小的晶体管，然后再将这些小的晶体管集合在一起（就是现在的集成电路），但是他不同意。最后，失望之余其合伙人离开了他，转身开了一家新公司，专做半导体。

1957 年，克雷设计了全晶体管超级计算机，人们将他尊称为"超级计算机之父"。随后集成电路上市了，从此整个电子行业都发生了翻天覆地的变化。

后来离开他的合伙人之一摩尔，（提出著名的"摩尔定律"）跟诺伊斯一起创办了生产半导体芯片的英特尔公司。

20 世纪 90 年代，电脑开始在全球普及。到了 21 世纪，半导体除了应用在电脑上，汽车、手机等产业也开始应用。

小豆丁的疑惑

Q：半导体的重要应用有哪些？

A：可以说用半导体材料制成的部件、集成电路等已经成为电子工业的重要基础产品。在新产品研制及新技术开发方面，比较重要的领域主要有以下几个方面。

光伏发电。半导体材料光伏效应是太阳能电池运行的基本原理，也是世界上增长最快，发展最好的清洁能源市场。光伏发电就是利用半导体的光伏效应将光能直接转化成电能的一种技术。根据应用的半导体材料不同，太阳能电池分为晶体硅太阳能电池、薄膜电池以及 III-V 族化合物电池等。

　　微波器件。半导体微波器件包括接收、控制和发射器件等。现在毫米波段以下的接收器件已经被广泛使用。在厘米波段，发射器件的功率已达到数瓦。未来人们将通过研制出新器件、发展新技术来获得更大的输出功率。

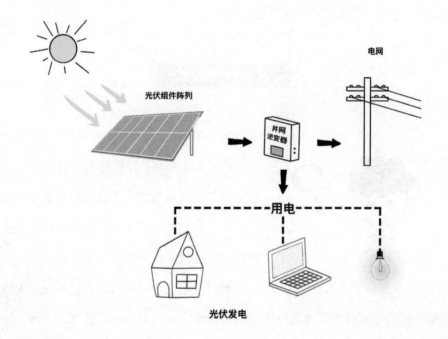

　　集成电路。这是半导体发展中最活跃的一个领域，目前已发展到大规模集成的阶段。可以在一片硅片上能成一台微信息处理器，或其他较复杂的电路功能。

光电子器体。半导体发光、摄像器件和激光器件的发展使得光电子器件也成为一个重要的领域，其主要应用范围有光通信、数码显示、图像接收、光集成等。

小豆丁的自力更生

小豆丁在阅读有关半导体其他材料时了解到，原来半导体还具有以下几种特性。

1. 热敏特性。一般金属，随着温度的升高，电阻都会增加，但是半导体却正好相反。比如纯锗这种半导体材料，温度每升高10℃，它的电阻率就要减小到原来的1/2。于是人们就利用半导体这个热敏特性，将其制作成感温元件——热敏电阻，并将其用于温度测量和控制系统中。

2. 光敏特性。半导体的电阻率对光的变化十分敏感。当有光照时，电阻率变小；无光照时，电阻率又变大。比如硫化镉，有光照时，电阻只有几十千欧；没有光照时，电阻却高达几十兆欧。人们利用半导体的光敏特性，制作出了多

带孩子走进神秘的量子世界

种类型的光电器件，如光电二极管、光电三极管及硅光电池等，被广泛应用在自动控制和无线电技术中。

3. 掺杂特性。在纯净的半导体中，如果掺入极微量的杂质元素，就会让它的电阻率发生很大的变化。比如，在纯硅中掺入百万分之一的硼元素，就会让其导电能力提高50多万倍。于是人们就利用半导体的这个特性，去人为精确地控制半导体的导电能力，从而制造成具有不同导电性能的半导体器件。

最精准的钟——原子钟

很早之前，人们根据太阳的起落安排自己的生活，养成了"日出而作，日落而归"的习惯；又对寒暑交替、草木荣枯、月盈月亏等自然现象进行总结，形成了年、月、日的概念。

人类最早的时钟就是根根太阳的影子来确定时间的。比如日晷（阴天和夜里因为没有阳光就无法使用了），后来人们又发明了很多计时的东西，比如，水钟、焚香钟、沙漏、机械钟、钟表、电子钟等。

大多时候，人们对时间的精度要求没有那么高，只要精确到分或秒也就够了。但是随着科学技术的进步，航空航天的发展，人们对时间的精度要求越来越高，有时甚至需要精

日 晷

也叫日晷仪，是我国古代利用日影来计时的一种仪器。它主要根据日影的位置，来指定当时的时辰或者刻数。

同 位 素

同一元素的不同原子，同位素的各的原子具有相同数目的质子，但是中子数却不同。比如，氢有三种同位素：氕（H）、氘（D）、氚（T），它们原子核都有 1 个质子，但是却分别有 0、1、2 个中子。

确到百万分之一秒，于是原子钟应运而生了。

我们知道，原子从一个轨道跃迁到另一个轨道时，会产生光信号，通过光电转化、信号处理后，可以精准计量时间。

1960 年以前，人们根据地球自转，定义 1s=1/86 400 平均太阳日。不过因为地球自转并不稳定，于是在 1960 年世界度量衡标准会议上，人们将秒的定义由地球自转改为地球公转，于是 1s=1/31 556 925.974 7 平均太阳年。

这样小的误差，已经足以让我们大多数人满意了，但是，在一些需要极其精密的领域，例如军事应用等方面，这样的误差还是值得进一步缩小的。

到了 1967 年，在第三届国际计量大会上，人们又根据铯原子的振动频率对秒进行了重新定义，将铯原子同位素 ^{133}Cs 基态超精细能级跃迁 9 192 631 770 个周期所经历的时间，定义为 1 秒。从此人类的计时方式进入原子时代，可以达到 2 000 万年才差 1 秒的精度。

　　据报道，美国研制的一款叫 NIST-F2 的原子钟，它的精度是之前原子钟的 3 倍，运行 3 亿年误差也不会超过 1s，是目前世界上最精准的计时工具。但是对于研究宇宙天体的天文学家来说，这样的精度还不够。

　　可能有人会问，这样精准的原子钟有什么意义呢？其实精准计时对国家的经济、科学技术、国防和社会安全都有重要的意义，比如通信、导航、定位、天文观测、网络授时和同步等都需要精准的计时。

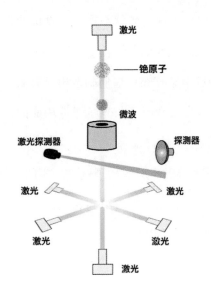

比如 GPS 全球定位系统，就是利用精确的三维测距来实现定位的。在三维测距中，是利用电磁波来精准测量距离，因为电磁波的速度跟光速一样很快，所以来回的时间是非常短暂的，一般的计时器根本测量不准这样短暂的时间，只能用原子钟来测量。很显然，GPS 的精准度，主要取决于测量所用原子钟的精准度，如果所用原子钟的精度不高，就会带来很大的误差。

目前，用在原子钟里的元素有氢、铯、铷三种，所以，原子钟的种类有氢原子钟、铯原子钟和铷原子钟三种。目前，国际导航系统采用的大多是铷原子钟搭配铯原子钟，或者铷原子钟搭配氢原子钟这两种。

不过，目前这三种原子钟的体积都很大，重量通常达几百千克。如果想要原子钟走进平常人的生活，其尺寸和重量都有待缩小。

2019 年，美国物理学家宣布，他们制造出一种实验性的新一代原子钟。该原子钟是由三个小型芯片配合电子与光学器件构成的，尺寸比之前的原子钟要小很多，而且精准度依然保持得很好。

这种基于芯片的新型原子钟，有望通过进一步的改进，变成手持的小设备。到时，我们就可以将小巧的原子钟应用到导航系统和通信网络系统中，取代传统的振荡器，并作为卫星的备用时钟。

小豆丁的疑惑

Q：你知道"北斗三号"卫星的"心脏"——铷原子钟吗？

A：在卫星导航系统中，时间相差 1ns（十亿分之一秒），就会导致距离相差 0.3m，所以卫星导航的核心就是时间测量。

想要测量如此精确的时间，只有原子钟才能做到，于是星载原子钟被称为导航卫星的"心脏"。我国"北斗三号"卫星搭配的就是中国自己生产的铷原子钟。

原子钟有好几种，为什么选择铷原子钟呢？因为跟氢原子钟、铯原子钟相比，铷原子钟有很多优点，它不仅体积小、重量轻、功耗低、可靠度高，使用寿命长，而且成本也相对较低。

2007 年，我国在"北斗二号"卫星中装备了我国自主研究的第一代星载铷钟，可以让卫星导航系统达到 1 米的定位精度。后来又先后研制了第二代高精度星载铷钟和第三代甚高精度星载铷钟。"北斗三号"卫星搭载的就是第三代甚高精度星载铷钟。

小豆丁的自力更生

小豆丁很好奇，是什么人想到将原子的振动频率应用到造钟中呢？原来是美国哥伦比亚大学实验室的拉比。

20 世纪 30 年代，拉比和他的学生在研究原子及其原子核的基本性质时，发明了一种磁共振的技术，通过这项技术，他可以测出原子的自然共振频率。1944 年，拉比想，既然原子的这种共振频率这样精准且稳定，那么完全可以将其用在制作高精度的时钟方面啊。

不过，拉比的学生拉姆齐并没有满足于恩师的成果，而是在 1949 年提出，如果让原子两次穿过振动的电磁场，那么能得到更加精确的时钟。

第二次世界大战之后，美国国家标准局和英国国家物理实验室宣布，要以原子共振为基础来确定原子时间的标准，并且世界上第一个原子钟就由美国国家物理实验室的埃森和帕里合作建造完成了。

不过第一台原子钟实在太大了，居然需要一个大房间来放置，后来另一名科学家扎卡来亚斯又制造出一个更加实用的仪器。在研制过程中，扎卡来亚斯推出了一种小型的原子钟，可以从一个实验室方便地转移到另一个实验室。1954 年，他与麻省的摩尔登公司一起建造了以他的便携式仪器为基础的商用原子钟。两年后，摩尔登公司生产出了第一个原子钟，并在四年内售出 50 个。如今，用于 GPS 的铯原子钟都是这种原子钟的后代。

神秘的激光

科幻电影中，我们常常看到人们拿着激光武器进行战斗，而这种激光武器好像什么都能摧毁。不过，现实中我们从来没见过这样厉害的激光武器，不过随时可见到激光笔，以及激光在医学领域应用的技术。

那么，激光是什么？它又是怎么产生的呢？

前面我们讲过，物质都是由原子组成的，而原子的中心是一个原子核，原子核外面是在不同轨道上运动的电子，不同轨道上运动的电子又具有不同的能量。处在高能级轨道上的电子，比低能级上的电子拥有更多的能量，当电子从高能级跃迁到低能级时，多余的能量会以光子的形式释放出来，这个过程就是辐射。

1917 年，爱因斯坦发现，电子从高能级跃迁到低能级除了自发发生外，还可以通过人为诱导发生。爱因斯坦指出，当入射光的频率是一个特定值时，可以引诱电子从高能级跃迁到低能级，同时辐射出一个跟入射光子频率、相位、偏振态及传播方向都相同的光子。入射光子和新产生的光子，再打入其他两个

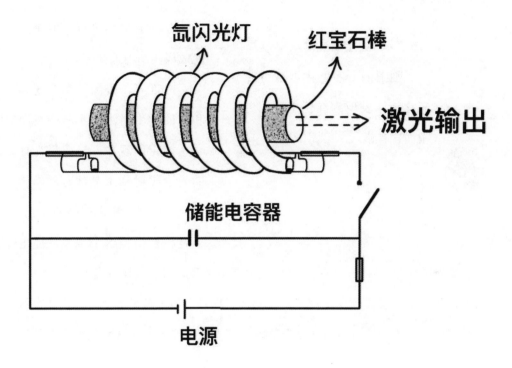

新的原子，就会出现四个完全一样的光子。这些光子反过来又会激发出更多的光子，于是就产生了一种类似雪崩的效应，使得微弱的光变成了强光，也就是我们所说的激光。

红宝石晶体

刚玉的一种，主要成分是氧化铝，表现为红色主要因为里面含有铬。

理论上虽然可行，但是要变成现实却不那么容易。

1958 年，美国科学家汤斯和他的学生肖洛在实验中发现一个神奇的现象：当用氖光灯的光去照射稀土晶体时，晶体的分子居然发出了鲜艳的强光。

于是他们根据这个现象，提出了"激光原理"。后来，他们又继续钻研提出了激光器的设计方案。

1960 年时，美国科学家梅曼终于制成了世界上第一台激光器。他将红宝石晶体制成圆柱体，然后用高强度石英闪光灯去激发红宝石，从而获得了人类第一束激光。

激光是继核能、电脑、半导体之后，人类的又一重大发明，号称"最快的刀""最准的尺""最亮的光"。经过几十年的发展，激光已经应用到多个技术领域，比如光电技术、激光全息技术、激光可控核聚变、激光武器等。

　　激光也是光，也是由光子组成的，那为什么它跟别的光如此不同呢？这主要是因为，激光中的每一个光子的能量都是一样大，并且它们的运动方向也一样，速度也相同，所以激光具有高强度、高亮度、单色等优秀特性。

小豆丁的疑惑

　　Q：在有些科幻电影中，我们会看到太空大战中激光枪发出的激光束是五颜六色的，现实中我们真的能在太空中看到激光枪发出光束的颜色吗？

　　A：在太空中，即使激光枪发射的是可见光，我们也是看不见光束的，因为太空是真空，没有灰尘，不能让光发生散射，所以我们根本看不到光束。在地球上，我们可以从侧面看到激光束，是因为空气中有大量的灰尘，这些灰尘让光发生了散射，所以我们才看到激光束。

　　不仅如此，在太空中，声音其实我们也是听不到的，因为声音在真空中无

法传播。

小豆丁的自力更生

小豆丁在追寻激光器发明的过程中发现，很多次看起来好像都是意外的发现，但背后其实都是因为汤斯的科学探索精神在起作用，这非常值得学习。

当年爱因斯坦提出受激辐射的概念以后，很多物理学家都想让这个理论变成现实，只是都没能成功。直到1951年，美国科学家珀赛尔等人用微波研究晶体结构时发现，用突然倒转的方法可以产生受激辐射信号。

也是1951年，汤斯在华盛顿参加一个毫米波会议，当时他跟肖洛住一个房间。那天早晨他很早就起床了，为了不打扰肖洛，他就到附近公园的长凳上坐下，思考到底是什么原因导致无法制成毫米波发生器。

因为珀赛尔等人已经研制出受激辐射，只是因为信号太弱，无法放大，所以人们没法利用这微弱的信号。熟悉无线电工程的汤斯那天突然想到，可以利用分子体系的受激辐射实现电磁波的振荡和放大，从而缩短发射电磁波的波长，于是 1953 年微波发射器就意外产生了。

在其他人还痴迷于微波发射器时，汤斯已经打算向更短的波长方面努力了，比如毫米波、亚毫米波等。只是汤斯的想法遇到了意想不到的困难，于是他转换了思路，跳过不太熟悉的毫米波及亚毫米波，直接进入大家熟知的波长更短的红外线和可见光区域。毕竟，在可见光波段实现受激辐射相对来说更容易一些。

说是容易一些，只是相对而言。面对一次次的失败，汤斯很困惑。一次，他去贝尔实验室看望肖洛，两人共进晚餐时，他说起了自己的设想和困惑。肖洛决定跟他合作，一起完成这项工作，他改进了谐振腔，解决了振荡模式的难题。

1958 年，在两人的共同努力下，他们联名在《物理评论》上发表了《红外区和光激射器》的论文，在这篇论文中，他们详细讨论了激光器的理论问题，并且对红外激光器做了具体的设计。

1960 年，美国休斯公司的梅曼率先制成了红宝石激光器，从此各类激光器不断地涌现，激光研制也成为引人注目的一个高科技领域。

对于汤斯的几次"意外"，小豆丁很感慨，其实科学的探索之路哪里有什么意外，不过是平时思考得多了，所以当"意外"来临时，他才能及时意识到并能牢牢地抓住。

"想要当一个科学家，以后要早起，要勤于思考，不能懒惰！"小豆丁在日记中这样告诫自己。

量子传感器

近年来因为量子力学的快速发展，人们对微观世界的兴趣越来越大，一些在宏观世界看起来不可思议的现象，正在微观世界不断发生，比如量子纠缠、量子相干、不确定性等。于是人们开始将量子力学应用到研究化学反应、原子物理、基因工程、量子信息等相关领域，从而催生了很多奇特的成果。

随着量子力学应用领域不断增加，人们对微观对象量子态的操纵和控制变得尤为重要，于是量子控制论应运而生，而量子传感器就是用来解决量子控制中的检测问题。

与传统的传感器不同，量子传感器是利用量子力学的叠加、量子纠缠和量子测量等现象，因此具有超高灵敏度和微观尺寸。跟生物传感器一样，量子传感器也是由产生信号的敏感元件和处理信号的辅助仪器组成，当然敏感元件是核心，其利用的是量子效应。

因为量子传感器使用的独特性，它需要具备什么样的性能才能满足人们的需求呢？

带孩子走进神秘的量子世界

一是非破坏性。我们知道，在量子系统中，测量可能会引起被测系统波函数约化，同时传感器也可能让被测系统的状态发生变化，所以在测量的时候，要考虑传感器本身与系统的相互作用。在实际检测时，可以将量子传感器作为该系统的一部分加以考虑。

传感器

传感器是一种用在信息传输中的检测装置，它能感知被测量的信息，然后将感知到的信息以一定规律变换成电信号或其他形式输出，以满足信息的传输、存储、记录、处理、显示和控制等要求。

二是实时性。在量子控制的测量中，状态的变化是非常快的，这就要求量子传感器的测量结果能够较好的与被测对象的当前状态吻合，并及时对被测对象的量子态演化进行追踪。

三是灵敏度。量子传感器要对微观对象的微小变化都能捕捉到，所以要求其灵敏度非常高。

四是稳定性。因为量子传感器在测量的时候，可能引起被测对象及传感器本身状态的不稳定，所以在设计时要考虑保护措施。

　　五是多功能性。因为量子系统各子系统之间，以及传感器与系统之间都很容易发生相互作用，所以在测量时总是希望能减少一些人为影响和滞后问题，于是人们希望一个量子传感器能具有多种功能，比如除了测量还能具备采样、处理等功能。

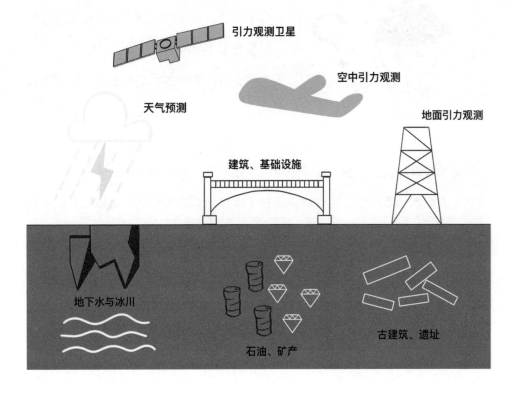

　　当满足以上要求的新一代量子传感器被生产出来后，将会给我们的生活带来很大的变化。比如，量子磁性传感器的发展，将会大幅降低磁脑成像的成本，从而让更多的人受益；而用来测量重力的量子传感器被使用后，则会大幅减少地下勘测耗时巨大的现状，提高其效率，并且利用量子重力仪，还可以对世界

的冰、海域、海平面等进行监测；就是在导航领域，量子感应器也能用在那些导航卫星搜索不到的地区。

　　目前，多伦多大学研发出一种便携式的量子光传感器，能从反射回来的光线中找到一些有用的信息，从而让人们"看见"那些用肉眼看不到的东西。这项量子成像技术可以应运到自动驾驶中，也可应用到无人机探测系统中，也可以将该技术推广到其他的领域，比如生物医学领域等。

　　每一次技术的进步都会给人类带来一场"革新"，给我们的生活带来更多的便捷。现在，这场因量子的发展而带来的变革，我们每个人正身处其中。这还仅仅只是一个开始，未来量子将会带给我们什么，我们还是拭目以待吧。

小豆丁的疑惑

Q：量子重力仪跟传统重力仪有什么不同？

A：对于地下物体的探测通常会用到重力感测技术，通过将地下所有物体的重力变化记录并绘制成重力图，从而判断地下的具体情况。但是传统的重力仪容易受到地面振动的影响，读数不准确，并且非常耗时。

如果使用量子重力仪就会克服传统重力仪的缺点，可以做到速度更快、读数更精准、能探测到更深的地方，并且不受地面振动的影响。

量子重力仪的应用非常广泛，可以用在资源勘探、地球物理、地震研究、水文监测、惯性导航、考古挖掘、空穴探测等领域。

通过对重力加速度的精准测量，可以判断哪里会有石油、矿产等资源；地震会引起重力场发生变化，如果在地震台对绝对重力实施连续观测，则可以预报地震的发生；利用量子重力仪还可以为水库大坝的安全进行评估，为水库蓄水量进行监测。

小豆丁的自力更生

小豆丁在阅读中了解到，因为量子传感器利用了量子态的极端敏锐感，这样它对周围的环境肯定也非常敏感。不仅能探测到周围世界的各种微弱信号，还能感受到地下被埋物体的引力变化，以及接受到人类大脑的磁场，所以想要将它们商业化还是具有很大的挑战的。目前，虽然有很多公司来研究生产商业化量子传感器，但是很少有真正的产品上市。

不过很多专家认为，目前世界正处在第二次量子革命的边缘，将来一定会在传感器领域获得真正的商业成功。

量子技术的时代即将到来

　　人类第二次量子革命即将开始，到时一系列全新的量子技术将会从实验室走出，走到传感、探测、通信、计算、医疗、信息处理、军事等领域，从而引发这些领域跨越式的发展，也会对我们的生活产生深远的影响。

　　我们可以捕获单个原子和离子，来制造高精准的光学计时器原子钟；我们可以对单个光子进行探测和计数，从而打破传统相机的各种限制，穿过浓雾、看透墙壁，形成量子成像；利用量子传感器，我们可以超越以往任何设备的精度，去探测光、电、磁场，甚至引力波的运动。

　　我们还可以开发量子雷达，它可以帮助我们探测出隐身飞机和隐身导弹。跟传统雷达相比，量子雷达可以在复杂的干扰环境中准确地找到目标，可以说量子雷达是隐身飞机的"克星"。

　　如果量子计算机被生产出来，它能完成一些传统计算机无法想象的任务，比如，在解开生命的密码——基因编辑之谜方面将会有很大的帮助。

　　未来社会对我们的通信安全提出了新的要求，量子通信将会应运而生。跟

传统通信技术相比，量子通信的可靠性、保密性更高，并且还具有不间断传输的特点。

量子技术将给我们的生活带来巨大的改变，有人说，谁掌握了量子技术，谁就掌握了未来。很多国家都加大了在量子科学研究领域方面的投资。

2013 年，英国政府就启动了为期五年的 2.7 亿英镑（折合人民币 23 亿元）项目；2015 年，荷兰也启动了 1.35 亿美元的量子项目；2016 年，美国又扩大了量子技术研发的规模；我国在 2016 年发射了首颗量子通信卫星"墨子号"，

此外我国还投资修建一个 2 000km 的量子通信网络。当然，还有其他的国家也加大了对量子技术研发的投入，如加拿大、澳大利亚、日本、韩国等。

　　这么多国家之所以加大对量子技术研发的投入，除了量子技术非常重要外，还因为它有着广阔的商业应用前景。比如，可以利用量子传感器加快发现新能源的速度；可以通过量子传感器，精准地探测微小的海床运动，从而设法减轻自然灾难对人类的影响；可以通过量子传感器，更加智能、准确地测量和控制城市的能耗、水消耗量等指标，从而让城市运行得更加高效。

　　此外，我们还可以将小型原子钟、陀螺仪、加速器、重力成像等系统应用到国防和航空航天工业上，从而提升其精度。

　　基于金刚石的量子传感器，使得在原子层级上研究活体细胞内的温度和磁场也变成了可能，这为医学研究提供了新的工具。

　　未来，量子技术的应用范围将会越来越多，到那时，人们将会应用量子技术来解决人类出现的各种问题。

小豆丁的疑惑

Q：为什么说量子科技对人类的影响将是颠覆性的？

A：因为从来没有什么科学技术能够像量子科技那样，影响着人类未来的各个方面，并且这种影响将是突破性的，颠覆性的。

理论上，未来一台量子计算机的处理能力，将超过目前地球上所有传统计算机运算能力的总和。

运算能力的突破将会给人类带来一系列的连锁反应。比如：军事、气象、环境、人工智能、医学、经济、航天等领域，都将会受益。到那时这些领域的突变，又将给人类社会带来其他的突变。

小豆丁的自力更生

看了不少关于量子科技未来发展的资料，小豆丁有些担心。未来量子技术如果应用在人工智能方面，会不会出现那些拥有自主意识和自我修复能力的智能机器人，然后像《终结者》里面发生的那样，完全不听从人类了呢？如果真是那样，那么我们现在是不是应该放弃，并阻止科学技术的进步呢？

　　不过小豆丁很快又释然了，因为他发现当年计算机刚研发时，也有很多人担心，虽然计算机及网络的发展带来许多问题，但是计算机给我们带来的好处仍是巨大的。小豆丁想，虽然量子科技以后也会给我们人类带来一些问题，但是肯定会给人类带来更多好处。

附录 1　量子力学事件

1690 年，惠根斯出版《光论》，提出波动说。

1704 年，牛顿出版《光学》，提出微粒说。

1807 年，托马斯·杨，提出了双缝干涉实验，波动说又一次登上舞台。

1819 年，菲涅尔提出光是一种横波的观点。

1856—1865 年，麦克斯韦建立电磁力学，提出光是一种电磁波。

1887 年，赫兹证实了麦克斯韦的电磁理论，同时发现了光电效应现象。

1893 年，维恩推导出了黑体辐射的维恩公式。

1895 年，伦琴发现了 X 射线。

1896 年，贝克勒尔发现了放射性。

1897 年，J. J. 汤姆孙发现了电子。

1900 年，普朗克为解决黑体问题提出了量子的概念。

1905 年，爱因斯坦提出了光量子概念，用来解释光电效应。

1910 年，卢瑟福提出了原子核理论。

1913 年，玻尔提出了玻尔原子模型。

1915 年，爱因斯坦发表了广义相对论。

1923 年，康普顿完成了 X 射线散射实验，证实了光的粒子性。

1923 年，德布罗意提出物质波的概念。

1924 年，玻色提出了一种新的统计方法——玻色—爱因斯坦统计。

1925 年，泡利提出了泡利不相容原理。

1925 年，海森堡创立了矩阵力学。

1925 年，乌仑贝克和古兹密特发现了电子的自旋。

1926 年，薛定谔创立了波动方程。

1927 年，G. P. 汤姆孙证明了电子具有波动性。

1927 年，海森堡提出来了海森堡不确定原理。

1927 年，波恩提出了波函数的概率解释。

1928 年，狄拉克提出了相对论化的电子波动方程，即狄拉克方程，并根据
方程预测了一种新粒子，即电子的反粒子——正电子的存在。

1928 年，伽莫夫用量子隧穿效应解释来了原子核的 α 衰变。

1932 年，冯·诺依曼建立了量子力学的数学基础。

1932 年，安德森等人发现了正电子，证实了狄拉克的预言。

1935 年，查德威克发现了中子。

1935 年，爱因斯坦等人提出了 EPR 佯谬思维实验。

1935 年，薛定谔提出了他的思想实验——薛定谔的猫实验。

1935 年，汤川秀树预言了介子。

1938 年，超流现象被发现。

1942 年，费米建成了第一个可控核反应堆。

1945 年，最早的原子弹被投放到广岛和长崎。

1947 年，肖克利发明了晶体管。

1948 年，重正化理论成熟，量子电动力学彻底建立。

1948 年，费曼提出了量子力学的路径积分表达。

1952 年，玻姆提出了导波隐变量理论。

1953 年，欧洲核子研究组织成立（CERN）。

1954 年，杨·米尔斯规范场，后来发展成量子色动力学。

1954 年，奥布宁斯克建立世界第一座核电站。

1956年，李政道和杨振宁提出弱作用下宇称不守恒,后被吴健雄用实验证实。

1957 年，埃弗莱特提出量子力学的多世界解释。

1958 年，世界第一块微芯片研发成功。

1960 年，人类第一次获得激光。

1963 年，盖尔曼提出夸克模型。

1964 年，贝尔提出贝尔不等式，反驳冯·诺依曼。

1967 年，美国国家加速器实验室（SLAC）发现了上夸克。

1968 年，维尼基亚诺模型建立，导致弦理论出现。

1970 年，建立退相干理论。

1972 年，第一个贝尔不等式实验验证了量子纠缠假说。

1973 年，建立弱电统一理论。

1973 年，核磁共振技术被发明。

1974 年，大统一理论被提出。

1977 年，在芝加哥费米实验室发现了底夸克。

1979 年，惠勒提出延迟选择实验。

1982 年，阿斯派克特实验证明了量子纠缠假设，定域隐变量理论被排除。

1983 年，中间玻色子被发现，弱电统一理论被证实。

1984 年，第一次超弦革命。

1986 年，GRW 理论被提出。

1993 年，贝内特等人提出量子隐形传态理论。

1994 年，肖尔提出量子质因数分解算法。

1995 年，顶夸克被发现。

1995 年，首次真正意义上的玻色—爱因斯坦凝聚在实验室实现。

1996 年，格罗弗提出了量子搜索算法。

2004 年，在美国国防高级研究计划局（DARPA）的主持下，世界上第一个量子密钥分配网络正式运行。

2007 年，美国和欧洲都实现了远距离量子密钥分配。

2011 年，加拿大 D-Wave 公司宣称"全球第一款商用型量子计算机"含有128 个量子比特。

2014 年，量子通信实现了无错数据传输，这是迈向量子互联网的关键一步。

2015 年，IBM 在量子运算上取得了突破性进展，开发了一种可扩展的四量子比特原型电路。

2016 年，NASA 喷气推进实验室，用城市光纤网络实现了量子隐形传态。

2016 年，美国马里兰大学发明了世界上第一台可编程量子计算机。

2016 年，中国发射世界首台量子实验卫星"墨子号"。

2017 年，"墨子号"提前完成预定三大任务。

2017 年，美国研究人员宣布完成 51 个量子比特的量子模拟器。

2017 年，中国正式开通了世界首条量子保密通信干线——"京沪干线"。

2018 年，英特尔宣布开发出最新款量子芯片。

2018 年，谷歌开始测试包含 72 个量子比特的量子计算芯片。

2019 年，IBM 在国际消费电子展上，展示了其最新的量子计算机
IBM Q System One 模型。

附录 2 世界著名的实验室

实验室是科学的摇篮，是科学研究的基地。世界顶级的科学实验室是科技工作者梦寐以求的地方，因为它们代表着世界最前沿的研究水平，在那里诞生了一大批诺贝尔奖获奖者和具有划时代意义的科研成果。

1. 卡文迪许实验室

修建于 1871—1874 年，是当时剑桥大学校长威廉·卡文迪许私人捐款修建的。为了纪念伟大的物理学家、化学家、剑桥大学的校友亨利·卡文迪许，于是叫做卡文迪许实验室，其第一任实验室主任就是麦克斯韦。

该实验室的研究领域包括天体物理学、粒子物理学、固体物理学、生物物理学。它是近代科学史上第一个社会化和专业化的科学实验室，是世界上最有声望的物理学研究和教育的中心之一，发现了电子、中子、原子核结构、DNA 双螺旋结构等。从 1904 年到 1989 年共培养出 29 位诺贝尔奖得主。像汤姆孙、卢瑟福、威尔逊等伟大科学家都出自该实验室。

2. 美国劳伦斯伯克利国家实验室

该实验室是由欧内斯特·劳伦斯教授（获得 1939 年诺贝尔物理学奖），于 1931 年建立的，是美国最杰出的国家实验室之一，位于美国名校加州大学伯克利分校的后山。

早期它关注于高能物理领域的研究，建立了第一批电子直线加速器，发现了一系列超重元素，开辟了放射性同位素、重离子科学等研究方向，成为美国乃至世界核物理学的圣地。

现在它的研究领域非常宽泛，有 18 个研究所和研究中心，涵盖了高能物理、地球科学、环境科学、计算机科学、能源科学、材料科学等多个学科。该实验室至建立以来，共培养了 13 名诺贝尔奖得主（及机构）。

3. 美国布鲁克海文国家实验室

该实验室位于美国纽约，隶属于美国能源部，创建于 1947 年。该实验室曾有 7 个项目 12 人次获得过诺贝尔奖。

该实验室拥有 3 台开展研究用的反应堆，数台不同类型的粒子加速器和多种先进的研究装置。它开创了核技术、高能物理、化学和生命科学、纳米技术等多个领域的研究，多次获得了令世界瞩目的重大成果，现在已成为世界著名的大型综合性科学研究基地。

4. 欧洲核子研究中心

该研究中心创建于 1954 年，是世界上最大型的粒子物理学实验室。它的主要功能是为高能物理学研究的需要，提供粒子加速器和其他基础设施，同时进行国际合作的实验。它是一个规模最大的国际性的实验组织，成员国已经有 20 多名，包括：比利时、丹麦、德国、法国、意大利、瑞典、英国等国家。

它也设立了大型电脑中心，用来处理资料，协助实验数据的分析，供其他地方的研究员使用，现已形成了一个庞大的网路中枢，要知道它也是世界上第一个网站，第一个网络服务器，第一个浏览器的发源地。

它曾获得 1984 年及 1992 年的诺贝尔物理学奖。

5.IBM 研究实验室

IBM 是一家跨国公司，其计算机技术处于世界领先地位。IBM 研究实验室也叫 IBM 研究部，旗下有美国 Thomas J.Watson、美国 Almaden、瑞士 Zurich 及日本东京四个研究中心。

其中 Thomas J.Watson 研究中心是 IBM 研究实验室的总部，负责管理分布在其他 6 个国家的 8 个实验室。它创建于 1961 年，是全球业界最大的研究机构。该研究中心侧重于硬件（从物理科学中的探索性工作，半导体和系统技术）、软件（包括安全、编程、数学等领域）和其他服务研究。

IBM 研究实验室成立以来成绩斐然，其成员曾经获得了 1986 和 1987 年的诺贝尔奖。

6. 麻省理工学院林肯实验室

该实验室创建于 1951 年，它隶属于美国国防部，其使命就是把高科技应用到国家安全的危急问题上。该实验室是美国反导弹防御系统的技术支撑单位，该实验室研发的许多雷达在雷达发展史上具有里程碑意义。

它的研究领域包括防空、空间监控、导弹防御、战场监控、空中交通管制等方面，是美国大学第一个大规模、跨学科、多功能的技术研究开发实验室。

7. 荷兰莱顿大学低温实验室

该实验室是由低温物理学家卡麦林·昂内斯创建的。在昂内斯的领导之下，它把研究低温物理作为主攻方向，一直在低温和超导领域处于领先地位。它创造了只比绝对零度高千分之一度的低温，被称为"世界上最冷的地方"。

该实验室最早实现了氦的液化，发现了金属中的超导现象，曾经有四位教授获得过诺贝尔科学奖。

8. 英国国家物理实验室

该实验室创建于 1900 年，是英国历史悠久的计量基准研究中心，也是英国最大的应用物理研究组织。

它有电气科学、材料应用、力学与光学计量、数值分析与计算机科学、量子计量、辐射科学与声学几个部门。它还对环境保护，例如噪声、电磁辐射、大气污染等方面向政府提供建议。

9. 德国柏林大学物理实验室

它开始是马格努斯创建的私人实验室，到了 1863 年正式成为柏林大学物理实验室。在当时，它可是世界上屈指可数的正规物理实验室之一。1871 年，著名的声学和生理学教授——赫姆霍兹继任该物理实验室教授，在他的引导下，他的学生赫兹做了著名的电磁波实验。

参考文献

[1] 张天蓉. 极简量子力学 [M]. 北京：中信出版社，2019.

[2] 李淼. 给孩子讲量子力学 [M]. 北京：民主与建设出版社，2017.

[3] 曹天元. 上帝掷骰子吗：量子物理史话 [M]. 北京：北京联合出版有限公司，2019.

[4] 严伯钧. 六极物理 [M]. 南宁：接力出版社，2020.

[5]《新科学家》杂志. 科学速读：量子物理新话【英】[M]. 北京：人民邮电出版社，2019.

[6] 戴瑾. 从零开始读量子力学 [M]. 北京：北京大学出版社，2020.